高等院校数字化建设精品教材

大学信息技术基础实训教程

主　编　梁伟杰　刘天成　杨昌尧
副主编　余铁青　许景生　钟　毅
主　审　刘　军

本书资源使用说明

内 容 简 介

本书是与《大学信息技术基础教程》配套的实训教材,用于指导学生信息技术课程上机实训教学,也是学生课后实训的参考教材。本书以培养学生计算机的应用能力为出发点,精心编排了实训项目,着重培养学生的信息技术操作技能。

本书主要有 6 个实训模块:模块 1 为操作系统 Windows 10;模块 2 为文字处理 Word 2016;模块 3 为电子表格 Excel 2016;模块 4 为演示文稿 PowerPoint 2016;模块 5 为计算机网络及信息检索;模块 6 为体验新一代信息技术,共包括 16 个实训项目和 4 个体验项目。附录部分收录了两份全国计算机等级考试一级计算机基础及 MS Office 应用考试试题和两份全国计算机等级考试二级 MS Office 高级应用与设计考试试题。

本书适合高职高专学校非计算机专业学生使用,也可作为普通读者学习计算机基础知识的实训教程,更可以作为在校大学生参加全国计算机等级考试一级计算机基础及 MS Office 应用考试和全国计算机等级考试二级 MS Office 高级应用与设计考试的实训教程。

图书在版编目(CIP)数据

大学信息技术基础实训教程/梁伟杰,刘天成,杨昌尧主编. —北京:北京大学出版社,2022.8
ISBN 978-7-301-33237-5

Ⅰ. ①大… Ⅱ. ①梁… ②刘… ③杨… Ⅲ. ①电子计算机—高等学校—教材 Ⅳ. ①TP3

中国版本图书馆 CIP 数据核字(2022)第 142730 号

书　　　名	大学信息技术基础实训教程
	DAXUE XINXI JISHU JICHU SHIXUN JIAOCHENG
著作责任者	梁伟杰　刘天成　杨昌尧　主编
责任编辑	张　敏
标准书号	ISBN 978-7-301-33237-5
出版发行	北京大学出版社
地　　　址	北京市海淀区成府路 205 号　100871
网　　　址	http://www.pup.cn
新浪微博	@北京大学出版社
电子信箱	zpup@pup.cn
电　　　话	邮购部 010-62752015　发行部 010-62750672　编辑部 010-62765014
印刷者	湖南省众鑫印务有限公司
经销者	新华书店
	787 毫米×1092 毫米　16 开本　13 印张　330 千字
	2022 年 8 月第 1 版　2022 年 8 月第 1 次印刷
定　　　价	42.00 元

未经许可,不得以任何方式复制或抄袭本书之部分或全部内容。
版权所有,侵权必究
举报电话: 010-62752024　电子信箱: fd@pup.pku.edu.cn
图书如有印装质量问题,请与出版部联系,电话: 010-62756370

前　言

本书是以《全国计算机等级考试一级计算机基础及 MS Office 应用考试大纲(2022 年版)》和《全国计算机等级考试二级 MS Office 高级应用与设计考试大纲(2022 年版)》为依据而编写的,与《大学信息技术基础教程》配套的实训教材。

"大学信息技术基础课程"是当代大学生适应社会发展必须掌握的一门基础课程。编写本书是为了更好地配合信息技术课程教学,使学生更好地掌握计算机基础知识及办公软件的应用,指导学生更好地上机操作,提高效率和实际动手能力。本书由多位有多年实践教学经验的教师编写而成。

本书的特点是在编排方面采用了项目驱动模式教学方法,每一个项目都经过精心设置与布局,力求使其蕴含该模块主要知识点,任务目标明确、思路清晰、叙述简明,突出了信息技术课程的实践性和技能性的特点。本书内容主要包括操作系统 Windows 10、文字处理 Word 2016、电子表格 Excel 2016、演示文稿 PowerPoint 2016、计算机网络及信息检索、体验新一代信息技术等实训模块。通过实训模块中各项目的学习和实训,学生能够掌握系统的信息技术知识和操作技能,提高获取知识的能力,从而形成必要的文化素养,适应社会工作的需要。

本书适合高职高专学校非计算机专业学生使用,也可作为普通读者学习计算机基础知识的实训教程。本书由梁伟杰、刘天成、杨昌尧担任主编,余铁青、许景生、钟毅担任副主编,刘军担任主审,湛江幼儿师范专科学校多位有多年教学经验的老师参加了编写。在本书的编写过程中,王骥教授、肖来胜教授对全书的编写工作提出了许多宝贵的指导意见,谷任盟、苏梓涵参与了教学资源的信息化实现,吴友成、龚维安提供了版式和装帧设计方案。同时,本书的编写还参考了许多优秀的教材、网络资源、文献资料和相关的论文,在此一并表示由衷的感谢。

由于信息技术的发展日新月异,而编者水平有限,时间仓促,书中难免有错误与不妥之处,敬请各位专家、读者批评指正,并热切希望广大读者提出宝贵的意见和建议,以便我们进一步修订与完善。

编　者

目 录

模块 1　操作系统 Windows 10 ··· 1
　实训项目 1　Windows 10 的桌面操作 ··· 1
　实训项目 2　文件和文件夹的操作 ··· 9
　实训项目 3　键盘指法练习 ··· 28

模块 2　文字处理 Word 2016 ·· 32
　实训项目 1　校内通知的文档排版 ·· 32
　实训项目 2　制作羽毛球比赛宣传海报 ·· 38
　实训项目 3　制作服装销售统计表 ·· 54
　实训项目 4　员工行为手册的排版 ·· 63
　实训项目 5　应用邮件合并批量制作邀请函 ·· 78

模块 3　电子表格 Excel 2016 ·· 89
　实训项目 1　设计再生资源统计表 ·· 89
　实训项目 2　手机浏览器用户情况调查与分析 ·· 98
　实训项目 3　学生成绩统计与分析 ·· 111
　实训项目 4　应用合并计算生成学生学年成绩 ······································· 125

模块 4　演示文稿 PowerPoint 2016 ··· 129
　实训项目 1　编辑美化企业内部培训 PPT ··· 129
　实训项目 2　编辑美化企划会议 PPT ··· 143

模块 5　计算机网络及信息检索 ··· 155
　实训项目 1　小型局域网的组建 ·· 155
　实训项目 2　信息检索与网络资源的获取 ·· 162

模块 6　体验新一代信息技术 ··· 168
　体验项目 1　物联网 RFID ··· 168
　体验项目 2　智能交通云 ·· 170
　体验项目 3　人工智能客服系统 ·· 172
　体验项目 4　企业大数据 ·· 173

附录 ·· 177
    附录 1 全国计算机等级考试一级计算机基础及 MS Office 应用考试试题 1 ·········· 177
    附录 2 全国计算机等级考试一级计算机基础及 MS Office 应用考试试题 2 ·········· 185
    附录 3 全国计算机等级考试二级 MS Office 高级应用与设计考试试题 1 ············ 193
    附录 4 全国计算机等级考试二级 MS Office 高级应用与设计考试试题 2 ············ 198

模块1　操作系统 Windows 10

†实训项目1　Windows 10 的桌面操作†

实训目的

(1) 掌握启动应用程序的操作。
(2) 掌握多窗口工作方法。
(3) 了解添加桌面图标的操作。
(4) 熟悉主题的设置及分辨率调整。
(5) 熟悉任务栏的设置。

实训任务

(1) 双击桌面快捷方式启动应用程序、单击"开始"菜单命令启动应用程序。
(2) 打开多窗口,对窗口进行拖动,完成不同的任务。
(3) 通过打开"设置"→"个性化"→"主题",显示桌面图标。
(4) 通过右键快捷菜单,打开"设置"窗口,设置主题及调整分辨率。
(5) 通过任务栏,进行更改任务栏位置、隐藏任务栏及固定应用程序到任务栏等操作。

实训过程

1. 启动应用程序

(1) 双击启动应用程序。

在 Windows 操作系统桌面,移动鼠标指针指向任意一个应用程序的快捷方式图标,双击快捷方式图标即可启动该程序,如图 1-1 所示。

(2) 单击启动应用程序。

单击"开始"菜单,在所有程序中选择需要启动的应用程序,单击即可启动该应用程序,如图 1-2 所示。

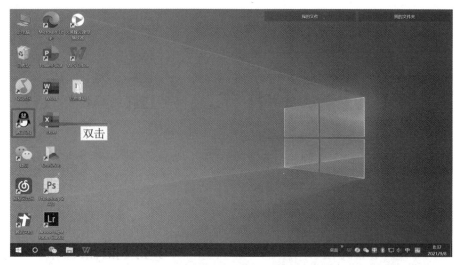

图 1-1 双击启动应用程序

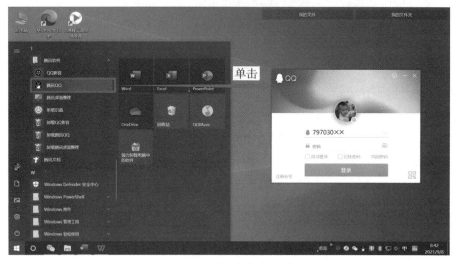

图 1-2 单击启动应用程序

2. 多窗口工作

在日常计算机操作中,用户经常会打开多个应用程序,并在它们之间进行切换,以完成不同的任务。Windows 10 操作系统中改进的窗口贴靠功能可以帮助用户轻松组织窗口,只需将程序窗口向桌面的边角拖动即可快速完成窗口贴靠,系统还会提示用户如何使用已打开的应用程序填充窗口空白部分。

多窗口工作的具体操作步骤如下:

步骤 1:拖动应用程序窗口。将应用程序窗口向屏幕左边缘拖动,当出现窗口贴靠的虚框时松开鼠标。

步骤 2:贴靠到屏幕左侧。此时应用程序窗口贴靠到屏幕左侧,占据一半的桌面空间,而在右侧空白的桌面空间会显示出其他已打开的应用程序窗口的缩略图,如图 1-3 所示。

步骤 3:贴靠到屏幕右侧。若单击所需应用程序的缩略图,则所选应用程序窗口可贴靠到屏幕右侧。若单击空白位置,则可取消贴靠提示。

模块1 操作系统 Windows 10

图1-3 贴靠到屏幕左侧

3. 显示桌面图标

刚安装好 Windows 10 的桌面图标可能处于隐藏状态。将图标(如"此电脑""回收站"等)添加到桌面的具体操作步骤如下：

步骤1：选择"主题"。单击"开始"菜单，然后依次选择"设置"→"个性化"→"主题"。

步骤2：选择"桌面图标设置"。在"主题"面板的"相关的设置"下，选择"桌面图标设置"。

步骤3：选择图标。勾选需要显示在桌面上的图标的复选框，然后依次单击"应用"和"确定"按钮，如图1-4所示。

图1-4 显示桌面图标

注意：若处于平板模式，则可能无法正常看到桌面图标。用户可以在文件资源管理器中搜索应用程序名称来查找应用程序。若要关闭平板模式，则可选择任务栏右侧的"操作中心"，然后选择"平板模式"，将其关闭。

4. 设置主题及调整分辨率

(1) 设置主题。

桌面背景图片、窗口颜色和声音组合成不同的主题可以给计算机呈现不一样的风格。

设置主题的具体操作步骤如下：

步骤1：选择"个性化"。右击桌面空白处，在弹出的快捷菜单中选择"个性化"。

步骤2：选择"主题"。打开"设置"窗口，选择"主题"，在"主题"面板下单击所需的主题即可完成更换，如图1-5所示。

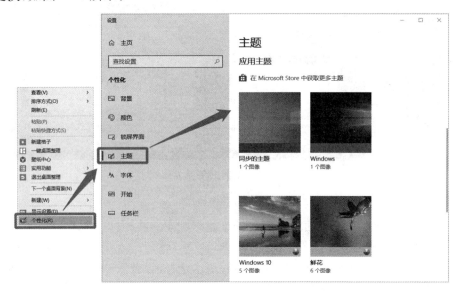

图1-5 设置主题

（2）调整分辨率。

屏幕分辨率是指在屏幕上显示的文本和图片的清晰度。使用较高的分辨率（如1 600×1 200像素），项目可显示得更加清晰，且显示得较小，从而屏幕可以容纳更多项目；使用较低的分辨率（如800×600像素），项目可显示得较大，屏幕容纳的项目较少。计算机可以使用的分辨率取决于监视器支持的分辨率：CRT（阴极射线管）监视器通常显示800×600像素或1 024×768像素的分辨率，并且可以在使用不同分辨率的情况下正常工作；LCD（发光二极管）监视器（也称为平板显示器）和笔记本电脑屏幕通常支持较高的分辨率，并且在使用特定分辨率的情况下具有最佳效果。监视器越大，通常支持的分辨率就越高。屏幕分辨率能否提高取决于监视器大小和功能以及所配置的视频卡类型。

调整分辨率的具体操作步骤如下：

步骤1：选择"显示设置"。右击桌面空白处，在弹出的快捷菜单中选择"显示设置"。

步骤2：选择分辨率。打开"设置"窗口，选择"显示"，在"显示"面板的"分辨率"下，单击分辨率文本框的下拉列表，即可选择所需的分辨率或者选择推荐的分辨率，如图1-6所示。

步骤3：确定调整分辨率。此时弹出提示框，单击"保留更改"按钮，即可使用选择的分辨率。单击"恢复"按钮，则可重新使用原来的分辨率，如图1-7所示。

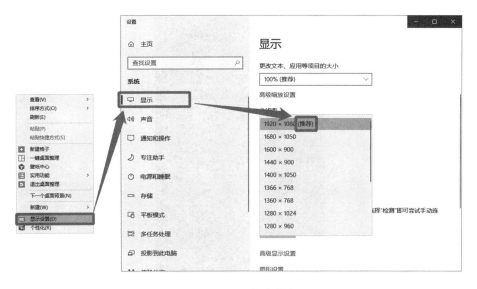

图1-6　调整分辨率

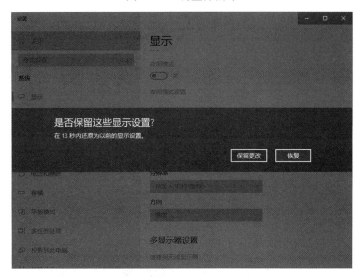

图1-7　调整分辨率的保存与恢复

5. 设置任务栏

Windows 10 的任务栏默认位于桌面底部,由"开始"菜单和搜索框、语言栏、通知区域等组成。中间空白的区域用于显示正在运行的应用程序和打开的窗口。

(1) 更改任务栏位置。

任务栏默认位于桌面底部,用户可以根据使用需要更改其位置,如将任务栏移至桌面顶部,具体操作步骤如下:

步骤1:取消锁定任务栏。右击任务栏的空白处,在弹出的快捷菜单中取消选择"锁定任务栏"选项,如图1-8所示。

步骤2:移动任务栏。单击任务栏并向上拖动,即可将任务栏移至桌面顶部,如图1-9所示。

图1-8 取消锁定任务栏

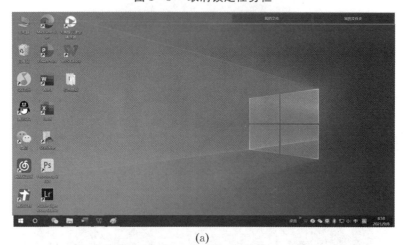

(a)

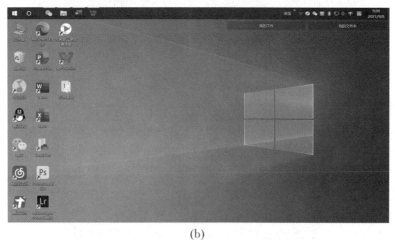

(b)

图1-9 移动任务栏

还可以在任务栏右键菜单中选择"任务栏位置",打开"设置"窗口,在"任务栏"面板的"任务栏在屏幕上的位置"下拉列表中选择位置选项,即可更改任务栏位置,如图 1-10 所示。

图 1-10　更改任务栏位置

(2) 自动隐藏任务栏。

任务栏在桌面中占据了一定的空间位置,用户可以根据需要设置任务栏自动隐藏,在需要时才显示出来,具体操作步骤如下:

步骤 1:设置自动隐藏任务栏。打开"设置"窗口,在"任务栏"面板下单击"在桌面模式下自动隐藏任务栏"开关,如图 1-11 所示。

图 1-11　设置自动隐藏任务栏

步骤 2:查看任务栏隐藏效果。此时任务栏已自动隐藏,如图 1-12 所示。当鼠标指针移到任务栏位置时,任务栏将暂时显示出来。

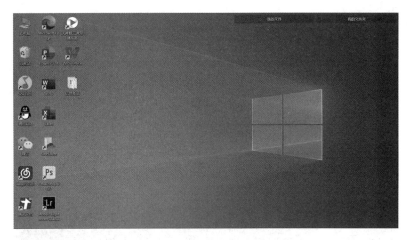

图 1-12　查看任务栏隐藏效果

（3）固定应用程序到任务栏。

用户可以将应用程序固定到任务栏上，以快速启动它。下面以将"腾讯QQ"固定到任务栏为例进行介绍，具体操作方法如下：

方法1：通过搜索框搜索后固定。使用搜索框搜索"腾讯QQ"，找到应用程序后右击，在弹出的快捷菜单中选择"固定到任务栏"命令，如图1-13所示，此时即可将应用程序图标固定到任务栏上。

图 1-13　通过搜索框搜索后固定

方法2：启动应用程序后固定。先启动应用程序，然后在任务栏右击其图标，在弹出的快捷菜单中选择"固定到任务栏"命令，如图1-14所示。

要将应用程序图标从任务栏中取消固定，可右击图标，在弹出的快捷菜单中选择"从任务栏取消固定"命令即可，如图1-15所示。

图 1-14 启动应用程序后固定　　　　　图 1-15 从任务栏取消固定

实训拓展

(1) 从网上下载一个应用程序，并安装到计算机。
(2) 用其他启动方法打开应用程序。
(3) 利用控制面板中的"程序和功能"删除 Windows 10 自带的游戏程序及添加一些没有安装的功能应用。

†实训项目 2　文件和文件夹的操作†

实训目的

(1) 掌握新建文件和文件夹操作的方法与技巧。
(2) 掌握文件和文件夹重命名操作的方法与技巧。
(3) 掌握文件和文件夹属性设置的方法与技巧。
(4) 掌握文件和文件夹删除操作的方法与技巧。
(5) 掌握文件和文件夹复制操作的方法与技巧。
(6) 掌握文件和文件夹移动操作的方法与技巧。
(7) 掌握创建文件和文件夹快捷方式的方法与技巧。
(8) 掌握文件和文件夹查找操作的方法与技巧。
(9) 掌握文件和文件夹压缩操作的方法与技巧。
(10) 掌握压缩文件解压操作的方法与技巧。

实训任务

利用素材包中的"项目 1-2"，完成以下任务：
(1) 在"C:\winks\POP\PUT"目录下建立文件夹"HUM"。
(2) 试用"记事本"应用程序创建文件"flowers"，存放到"C:\winks\ZUM"目录下，文件类型为 TXT，文件内容为"一片春心付海棠"（内容不含空格或空行）。
(3) 将"C:\winks"目录下的"UEM"文件夹重命名为"CATV"。
(4) 将"C:\winks"目录下的"LOCAL"文件夹属性改为"隐藏"，取消"可以存档文件夹"属性。
(5) 将"C:\winks\big"目录下的文件"MACRO.NEW"删除。
(6) 将"C:\winks\Temp\red1"目录下的文件"august.gif"复制到"C:\winks\Temp\

red3"目录下。

（7）将"C:\winks\LING"目录下的文件"QIANG.C"复制在同一目录下，文件命名为"RENEW.C"。

（8）将"C:\winks\do\World"目录下的DOC文件移动到"C:\winks\do\bigWorld"目录下。

（9）将"C:\winks"目录下的文件夹"CATV"创建快捷方式，放在"C:\winks\ZUM"文件夹中，快捷方式名为"CATV2"。

（10）在"C:\winks"目录下搜索（查找）文件"awaken"并删除。

（11）在"C:\winks"目录下搜索（查找）"hot3"文件夹，并将"C:\winks\hot\hot2"目录下的文件"jie.bmp"移动到该文件夹中。

（12）将"C:\winks\tig"目录下的文件夹"classmate"用压缩软件压缩为"terry.rar"，存放到"C:\winks\tig\terry"目录下。

（13）将"C:\winks\POP"目录下的压缩文件"PTU.rar"中的文件"网址.txt"解压到"C:\winks\POP\PUT"目录下。

实训过程

1. 文件或文件夹选项设置

对文件或文件夹选项设置的具体操作步骤如下：

步骤1：选择"更改文件夹与搜索选项"。在桌面上双击"此电脑"图标，打开"此电脑"窗口，单击"文件"菜单，在弹出的下拉菜单中选择"更改文件夹和搜索选项"命令，如图1-16所示。

图1-16　选择"更改文件夹与搜索选项"

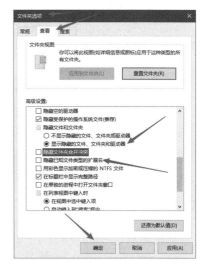
图1-17　设置文件夹与搜索选项

步骤2：设置文件夹与搜索选项。在打开的"文件夹选项"对话框中切换至"查看"选项卡，在"高级设置"的选项框中将"隐藏文件和文件夹"设置为"显示隐藏的文件、文件夹和驱动器"，取消勾选"隐藏已知文件类型的扩展名"，如图1-17所示。设置完成后单击"确定"按钮完成文件夹与搜索选项的设置并关闭对话框。

2. 文件或文件夹新建和重命名

以下操作为完成实训任务(1),(2)和(3),进行文件或文件夹的新建和重命名。

步骤1:新建文件夹。在"此电脑"窗口中打开指定目录"C:\winks\POP\PUT",右击空白处,在弹出的快捷菜单中选择"新建"命令,然后在二级菜单中选择"文件夹"命令,即可创建一个新的文件夹,如图1-18所示。

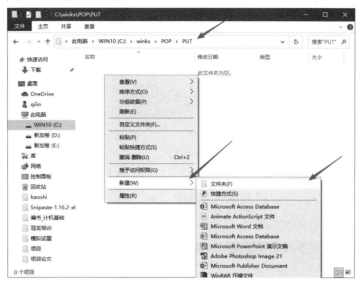

图1-18 新建文件夹

步骤2:重命名文件夹。默认情况下,新建的文件夹名为"新建文件夹",此时新建的文件夹为重命名状态可以重命名,输入"HUM"并按[Enter]键,即可完成任务(1),如图1-19所示。

图1-19 重命名文件夹

步骤3:启动"记事本"。单击"开始"菜单,在所有程序列表中找到并单击"Windows附件"菜单文件夹,从展开的列表中单击"记事本",启动"记事本"应用程序,如图1-20所示。

步骤4：在打开的"记事本"中输入文本"一片春心付海棠"，如图1-21所示。

图1-20 启动"记事本"

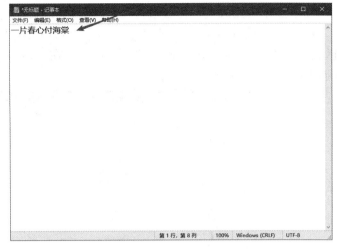

图1-21 输入文本

步骤5：保存文本文档。在"记事本"中单击"文件"菜单，从弹出的下拉菜单中单击"保存"命令，如图1-22所示，对新建的文本文档进行存盘操作。

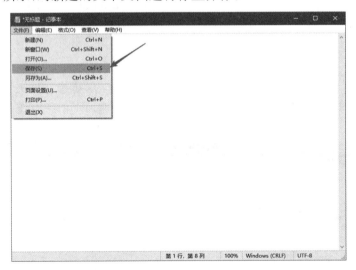

图1-22 保存文本文档

步骤6：设置保存参数。在弹出的"另存为"对话框中，选择指定目录"C:\winks\ZUM"，在"文件名"文本框中输入"flowers"，"保存类型"文本框中保持默认值不变，如图1-23所示，即可完成任务(2)。

步骤7：启动文件夹重命名。在"此电脑"窗口中打开指定目录"C:\winks"，右击文件夹"UEM"，在弹出的快捷菜单中选择"重命名"命令，如图1-24所示。

步骤8：重命名文件夹。此时该文件夹为重命名状态，输入"CATV"，如图1-25所示，按[Enter]键即可完成任务(3)。

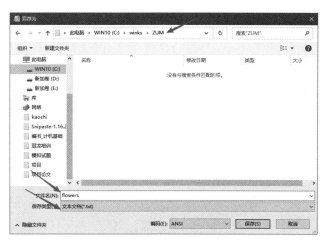

图 1-23 设置保存参数

图 1-24 启动文件夹重命名

图 1-25 重命名文件夹

3. 文件或文件夹属性设置和删除

以下操作为完成实训任务(4)和(5),进行文件或文件夹的属性设置和删除。

步骤1:启动属性设置。在"此电脑"窗口中打开指定目录"C:\winks",右击文件夹"LOCAL",在弹出的快捷菜单中选择"属性"命令,如图1-26所示。

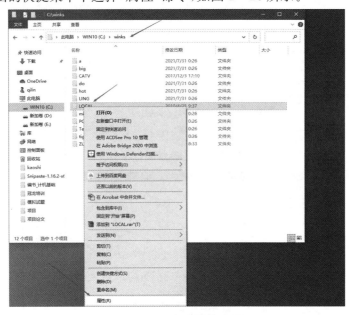

图 1-26 启动属性设置

步骤2:设置隐藏属性。在弹出的文件夹属性对话框中,保持其他选项不变,在"常规"选项卡中勾选"隐藏"复选框,如图1-27所示,然后单击"高级"按钮。

图 1-27 设置隐藏属性

步骤3:设置存档属性。此时,弹出"高级属性"对话框,保持其他选项不变,取消勾选"可以存档文件夹",如图1-28所示,取消可以存档属性,两次单击"确定"按钮即可完成任务(4)。

模块1 操作系统 Windows 10

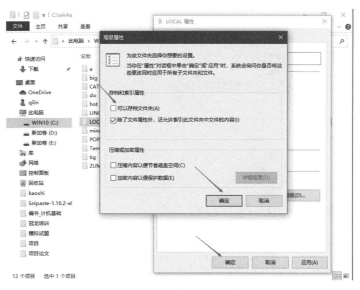

图 1-28 设置存档属性

步骤4:删除文件。在"此电脑"窗口中打开指定目录"C:\winks\big",右击文件"MACRO.NEW",在弹出的快捷菜单中选择"删除"命令,即可完成任务(5),如图1-29所示。

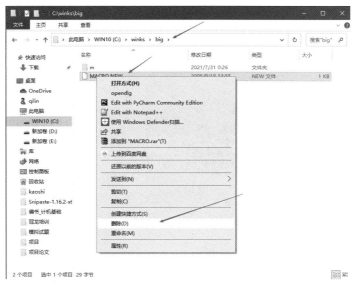

图 1-29 删除文件

4. 文件或文件夹的复制和移动

以下操作为完成实训任务(6),(7)和(8),进行文件或文件夹的复制和移动。

步骤1:复制文件。在"此电脑"窗口中打开需复制的文件所在目录"C:\winks\Temp\red1",右击文件"august.gif",在弹出的快捷菜单中选择"复制"命令,如图1-30所示。

步骤2:粘贴文件。在"此电脑"窗口中打开指定目录"C:\winks\Temp\red3",右击空白处,在弹出的快捷菜单中选择"粘贴"命令,将刚才复制的文件粘贴到该目录下,即可完成任务(6),如图1-31所示。

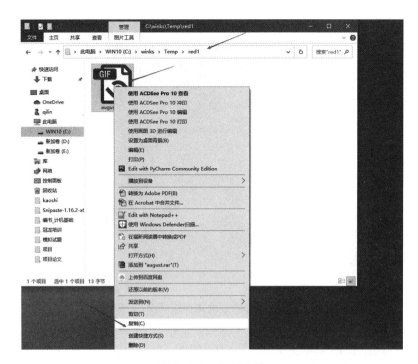

图 1-30 复制文件

图 1-31 粘贴文件

步骤 3：复制文件。在"此电脑"窗口中打开需复制的文件所在目录"C:\winks\LING"，右击文件"QIANG.C"，在弹出的快捷菜单中选择"复制"命令，如图 1-32 所示。

步骤 4：粘贴文件。继续在该目录下空白处右击，在弹出的快捷菜单中选择"粘贴"命令，将刚才复制的文件粘贴到同一目录下，如图 1-33 所示。

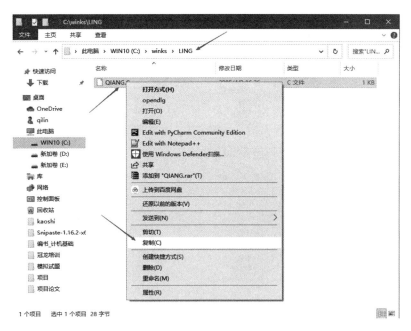

图 1-32 复制文件

图 1-33 粘贴文件

步骤 5:启动文件重命名。由于复制的文件和原文件在同一个文件夹中,因此复制得到的文件的名字会自动在原文件主名后加上"-副本"。右击复制得到的文件,在弹出的快捷菜单中选择"重命名"命令,如图 1-34 所示。

步骤 6:重命名文件。此时文件为重命名状态,输入"RENEW"并按[Enter]键,即可完成任务(7),如图 1-35 所示。

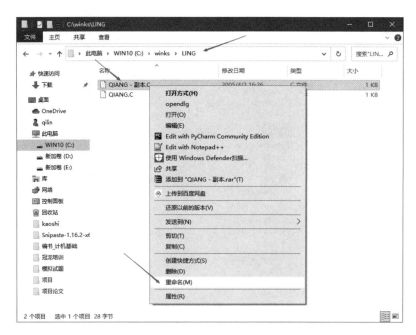

图 1-34 启动文件重命名

图 1-35 重命名文件

步骤7:剪切文件。在"此电脑"窗口中打开需移动的文件所在目录"C:\winks\do\World",右击 DOC 文件,在弹出的快捷菜单中选择"剪切"命令,如图 1-36 所示。

步骤8:粘贴文件。在"此电脑"窗口中打开目标目录"C:\winks\do\bigWorld",右击空白处,在弹出的快捷菜单中选择"粘贴"命令将刚才剪切的文件移动到该目录下,即可完成任务(8),如图 1-37 所示。

模块1 操作系统 Windows 10

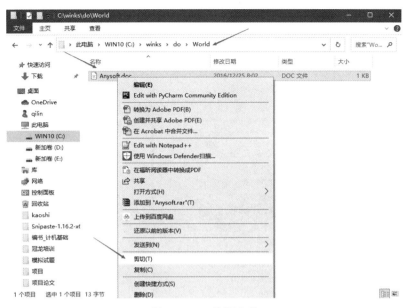

图 1-36　剪切文件

图 1-37　粘贴文件

5. 文件或文件夹快捷方式的创建

以下操作为完成实训任务(9),进行文件或文件夹快捷方式的创建。

步骤1:复制文件夹。在"此电脑"窗口中打开需要创建快捷方式的文件或文件夹所在目录"C:\winks",右击文件夹"CATV",在弹出的快捷菜单中选择"复制"命令,如图1-38所示。

步骤2:粘贴快捷方式。在"此电脑"窗口中打开存放快捷方式图标的目录"C:\winks\ZUM",右击空白处,在弹出的快捷菜单中选择"粘贴快捷方式"命令,为刚才复制的文件夹在该位置创建快捷方式,如图1-39所示。

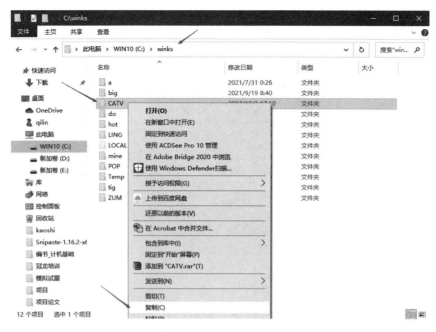

图 1-38 复制文件夹

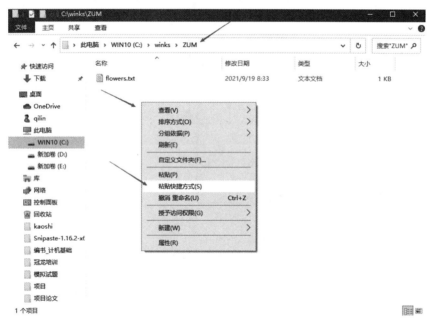

图 1-39 粘贴快捷方式

步骤 3:启动快捷方式重命名。这时该目录下创建了一个名为"CATV"的快捷方式,右击该快捷方式,在弹出的快捷菜单中选择"重命名"命令,如图 1-40 所示。

步骤 4:重命名快捷方式。此时快捷方式为重命名状态,直接将该快捷方式重命名为"CATV2"并按[Enter]键,即可完成任务(9),如图 1-41 所示。

模块1 操作系统 Windows 10

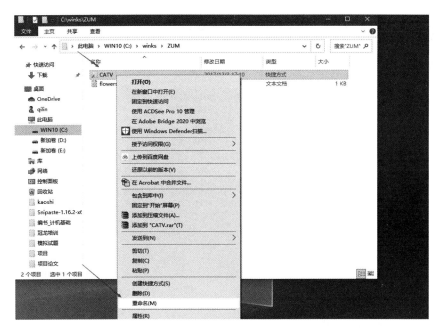

图 1-40　启动快捷方式重命名

图 1-41　重命名快捷方式

6. 文件或文件夹的查找

以下操作为完成实训任务(10)和(11),进行文件或文件夹的查找。

步骤1:查找文件。在"此电脑"窗口中打开指定的查找目录"C:\winks",单击窗口右上方的查找框,如图 1-42 所示。在查找框内输入"awaken",此时在文件窗格内显示符合查找条件的文件,如图 1-43 所示。

图1-42 启动文件查找

图1-43 查找文件

步骤2:删除查找到的文件。右击查找到的文件"awaken",在弹出的快捷菜单中选择"删除"命令,将查找到的文件删除,如图1-44所示,完成任务(10)。

步骤3:剪切要移动的文件。在"此电脑"窗口中打开需要移动的文件所在的目录"C:\winks\hot\hot2",右击文件"jie.bmp",在弹出的快捷菜单中选择"剪切"命令,如图1-45所示。

模块1 操作系统 Windows 10

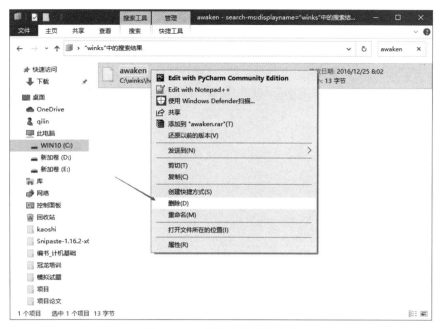

图 1-44 删除查找到的文件

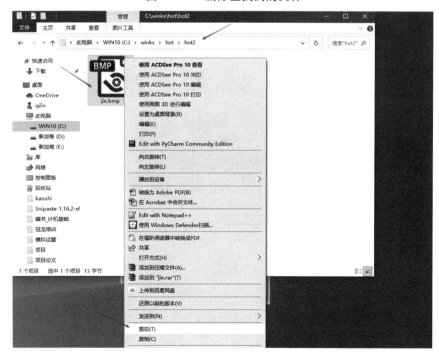

图 1-45 剪切要移动的文件

步骤4：查找指定文件夹。在"此电脑"窗口中打开指定目录"C:\winks"，单击窗口右上方的查找框，输入"hot3"进行查找，如图1-46所示。

步骤5：粘贴文件到查找到的文件夹中。双击查找到的文件夹"hot3"，右击该文件夹空白处，在弹出的快捷菜单中选择"粘贴"命令，将步骤3中剪切的文件移动到该文件夹中，即可完成任务(11)，如图1-47所示。

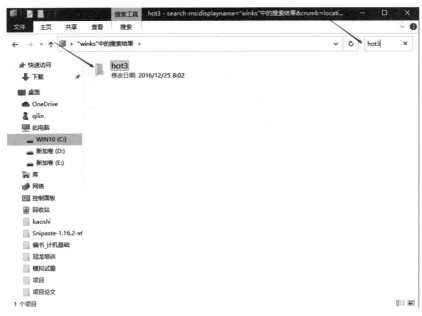

图 1‑46　查找指定文件夹

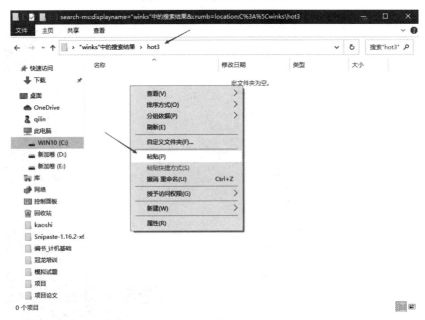

图 1‑47　移动文件到查找到的文件夹

7. 文件或文件夹的压缩和解压

如果要完成文件或文件夹的压缩和解压操作，需要在计算机中先安装压缩软件，下面的操作是以安装了 WinRAR 的计算机为例进行演示。以下操作为完成实训任务(12)和(13)，进行文件或文件夹的压缩和解压。

步骤1：启动文件夹压缩。在"此电脑"窗口中打开需要压缩的文件夹所在目录"C:\winks\tig"，右击需要压缩的文件夹"classmate"，在弹出的快捷菜单中选择"添加到压缩文件"命令，如图 1‑48 所示。

模块1　操作系统 Windows 10

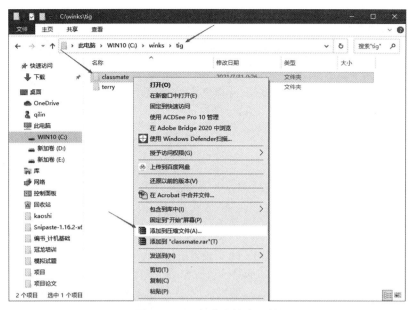

图1-48　启动文件夹压缩

步骤2：浏览压缩参数。在弹出的"压缩文件名和参数"对话框中单击右上方的"浏览"按钮，如图1-49所示。

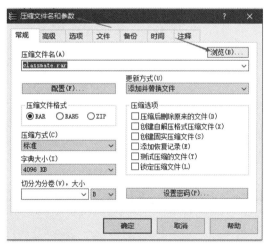

图1-49　"压缩文件名和参数"对话框

步骤3：设置压缩参数。在弹出的"查找压缩文件"对话框中找到压缩文件要存放的目录"C:\winks\tig\terry"，然后在下方的"文件名"文本框中输入"terry.rar"，如图1-50所示，设置完成后单击"保存"按钮。

步骤4：压缩文件夹。返回"压缩义件名和参数"对话框，可以看到压缩文件存放的路径及压缩文件名，若没有错误则单击"确定"按钮，计算机将完成对特定文件或文件夹的压缩操作，并将得到的压缩文件存放在指定文件夹内，如图1-51所示，完成任务(12)。

步骤5：启动文件夹解压。在"此电脑"窗口中打开需要解压的文件所在目录"C:\winks\POP"，右击压缩文件"PTU.rar"，在弹出的快捷菜单中执行"用 WinRAR 打开"命令，如图1-52所示。

图1-50 设置压缩参数

图1-51 完成压缩

图1-52 启动文件夹解压

步骤 6：选择解压的文件或文件夹。在弹出的"PTU.rar-WinRAR"窗口的工作区内将显示压缩文件中的内容，先选择其中的"网址.txt"，再单击窗口上方工具栏中的"解压到"按钮，如图 1-53 所示。

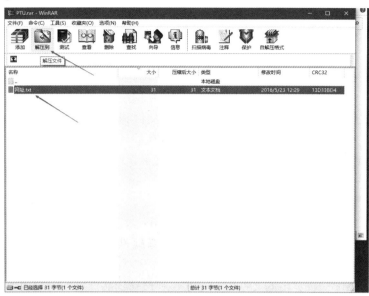

图 1-53 选择解压的文件

步骤 7：设置解压到的路径。在弹出的"解压路径和选项"对话框中，选择右侧的文件树窗格中的目标文件夹，将解压路径设置为目录"C:\winks\POP\PUT"，如图 1-54 所示。单击"确定"按钮，即可将指定文件解压到设置的目录下，完成任务（13）。

图 1-54 设置解压参数

实训拓展

（1）利用素材包中的"拓展 1-2-1"，完成以下文件和文件夹的操作：

① 为"winks\mine"中的文件"foreigners.txt"创建快捷方式，放在"winks\mine\mine2"文

件夹中,命名为"bookstores.txt"。

② 试用"记事本"应用程序创建文件"mydream",存放于文件夹"winks\thesea"中,文件类型为 TXT,文件内容为"陆止于此,海始于斯"(内容不含空格或空行)。

③ 在"winks"中搜索(查找)文件"Various.txt"并删除。

④ 将"winks\do\theday"中的 TXT 文件复制到文件夹"winks\do\Its2013pc"中。

⑤ 在"winks"中搜索(查找)文件夹"Shanghai"并重命名为"Guangzhou"。

⑥ 在"winks\mine\mine5"中将文件"guang.txt"用压缩软件压缩为"guang.rar",压缩完成后删除文件"guang.txt"。

(2) 利用素材包中的"拓展 1-2-2",完成以下文件和文件夹的操作:

① 试用"记事本"应用程序创建文件"scenery",存放于文件夹"winks\rhine"中,文件类型为 TXT,文件内容为"莱茵河两岸如画的风景"(内容不含空格或空行)。

② 在"winks"目录下搜索(查找)文件"mybook1.txt",并把该文件的属性改为"只读",取消"可以存档文件"属性。

③ 将"winks\hot\pig1"中的文件"april.txt"复制到文件夹"winks\hot\pig2"中。

④ 将"winks\tig"中的文件夹"classmate"用压缩软件压缩为"terry.rar",存放于文件夹"winks\tig\terry"中。

⑤ 将"winks\Temp\June"中的文件"Append.exe"移动到文件夹"winks\Temp\Adctep"中。

⑥ 在"winks"中搜索(查找)文件夹"sight"并重命名为"summer"。

✝ 实训项目 3　键盘指法练习 ✝

实训目的

(1) 熟悉键盘、鼠标的使用方法,了解计算机的工作方式。

(2) 熟悉键盘操作时手指的击键分工,使用打字软件"金山打字通"进行指法练习。

实训任务

(1) 熟悉键盘操作与基本指法。

(2) 退出练习,关机。

实训过程

1. 熟悉键盘操作与基本指法

(1) 认识键盘。

目前常用的键盘有两种基本格式:PC/XT 格式键盘和 AT 格式键盘。在计算机键盘上,每个键完成一种或几种功能,其功能标识在键的上面。根据不同键字使用的频率和方便操作的原则,键盘划分为四个功能区:主键盘区、功能键区、控制键区和小键盘区,如图 1-55 所示。

图 1-55　104 键 AT 格式键盘

其中,常用键的使用方法如下:

① 字母键:在键盘的中央部分,上面标有"A""B""C"等 26 个英文字母。在打开计算机以后,按字母键输入的是小写字母,输入大写字母需要同时按[Shift]键。

② 换挡键:即[Shift]键,两个[Shift]键功能相同。同时按下[Shift]键和具有上下挡字符的键,输入的是上挡字符。

③ 字母锁定键:即[Caps Lock]键。用来转换字母大小写,是一种反复键。按一下[Caps Lock]键后,按字母键输入的都是大写字母,再次按一下[Caps Lock]键转换成小写形式。

④ 退格键:即[Backspace]键。用于删除刚刚输入的字符。

⑤ 空格键:即[Space]键。位于键盘下部的一个长条键,作用是输入空格。

⑥ 功能键:标有"F1""F2"…"F12"的 12 个键,在不同的软件中,它们的功能不同。

⑦ 光标键:键盘上四个标有箭头的键,箭头的方向分别是上、下、左、右。"光标"是计算机的一个术语,在计算机屏幕上常常有一道横线或者一道竖线,并且不断地闪烁,这就是光标。光标用于指示现在的输入或进行操作的位置。

⑧ 制表定位键:即[Tab]键。按一下这个键,光标跳到下一个位置,通常情况下两个位置之间相隔 8 个字符。

⑨ 控制键:一些键的统称。这些键中使用最多的是回车键,即[Enter]键。[Enter]键位于字母键的右方,其作用是表示一行、一段字符或一个命令输入完毕。

⑩ 键盘上有两个[Ctrl]键和两个[Alt]键,它们常常和其他的键一起组合使用。

⑪ 键盘的右侧称为小键盘或副键盘,主要是由数字键等组成,数字键集中在一起,需要输入大量数字时,用小键盘是非常方便的。在小键盘的上方,有一个[Num Lock]键,这是数字锁定键。当"Num"指示灯亮时,数字键起作用,可以输入数字。按一下[Num Lock]键,指示灯灭,小键盘中的数字键功能被关闭,但数字下方标识的按键仍起作用。

(2) 打字的姿势。

① 身体保持端正,两脚平放。椅子的高度以双手可平放在桌面上为准,电脑桌与椅子之间的距离以手指能轻放基本键为准,如图 1-56 所示。

② 两臂自然下垂轻贴于腋边,手腕平直,身体与桌面距离 20~30 厘米。指、腕都不要压到键盘上,手指微曲,轻轻按在与各手指相关的基本键位上;下臂和腕略微向上倾斜,使与键盘保持相同的斜度。双脚自然平放在地上,可稍呈前后参差状,切勿悬空。

③ 显示器宜放在键盘的正后方,与眼睛相距不少于 50 厘米。

图 1-56　正确的打字姿势

④ 在放置打字文稿前,先将键盘右移 5 厘米,再把打字文稿放在键盘的左边,或用专用夹夹在显示器旁。力求"盲打",打字时尽量不要看键盘,视线专注于文稿或屏幕。看文稿时心中默念,不要出声。

(3) 打字的基本指法。

"十指分工,包键到指",这对于保证击键的准确和速度的提高至关重要。操作时,开始击键之前将左手小指、无名指、中指、食指分别置于[A]、[S]、[D]、[F]键帽上,左手拇指自然向掌心弯曲;将右手食指、中指、无名指、小指分别置于[J]、[K]、[L]、[;]键帽上,右手拇指轻置于空格键上。各手指的分工如图 1-57 所示。其中,[F]键和[J]键各有一个小小的凸起,操作者进行盲打就是通过触摸这两键来确定基准位的。

图 1-57　键位按手指分工

温馨提示:

① 手指尽可能放在基准位(或称原点键位,即位于主键盘的第三排的[A]、[S]、[D]、[F]、[J]、[K]、[L]、[;]键)上。左手食指还要管[G]键,右手食指还要管[H]键。同时,左右手还要管基准位的上一排与下一排,每个手指到其他排"执行任务"后,拇指以外的 8 个手指,只要时间允许都应立即退回基准位。实践证明,从基准位到其他键位的路径简单好记,容易实现盲打,减少击键错误;再则,从基准位到各键位平均距离短,也有利于提高速度。

② 不要使用单指打字术(用一个手指击键)或视觉打字术(用双目帮助才能找到键位),这两种打字方法的效率比盲打要慢得多。

(4) 指法练习。

具体的指法练习可以采用CAI(计算机辅助教学)软件"金山打字通"等来进行,利用CAI软件可以使指法得到充分的训练,以达到快速、准确地输入英文字母的目的。

2. 退出练习,关机

(1)单击窗口右上角关闭图标,退出正在运行的程序。

(2)选择"开始"→"关机",关闭计算机。

(3)关闭显示器。

实 训 拓 展

(1)打字时,如何集中注意力,做到手、脑、眼协调一致?

(2)如何避免边看原稿边看键盘?

模块2　文字处理 Word 2016

†实训项目1　校内通知的文档排版†

实 训 目 的

（1）掌握页面的设置方法与技巧。
（2）掌握字体格式的设置方法与技巧。
（3）掌握段落格式的设置方法与技巧。
（4）掌握常规文档的设置方法与技巧。

实 训 任 务

（1）启动 Word 2016 创建空白文档，设置页面尺寸为 A4，上、下页边距2厘米，左、右页边距2.5厘米。
（2）在空白 Word 文档中输入素材包中"项目2-1"的样文内容。
（3）为文档不同的文本段落设置恰当的文本格式和段落格式，最终效果如图2-1所示。

图2-1　文档排版最终效果

实训过程

1. 创建空白文档

创建空白文档并存盘的具体操作步骤如下：

步骤1：启动Word 2016，切换至"文件"菜单，单击"新建"选项，在右侧面板中选择"空白文档"选项，如图2-2所示。完成后Word将创建一个空白文档。

图2-2 创建空白文档

步骤2：单击快速访问工具栏的"保存"按钮，切换为"另存为"面板，在其中选择"浏览"，如图2-3(a)所示。

步骤3：在打开的"另存为"对话框中，首先选择保存文档的位置，然后在"文件名"文本框中输入文件名"校内通知"，如图2-3(b)所示，最后单击"保存"按钮完成新建文档的存盘操作。

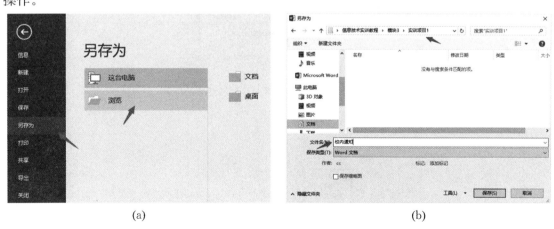

(a) (b)

图2-3 保存新建文档

返回Word 2016工作界面，在标题栏可以看到，目前编辑的文档已经改名为"校内通知"。

2. 设置文档页面

不同的文档对页面参数有不同的要求，在文档创建完成后，应根据需求对页面参数进行设置。通常情况下,页面设置的参数包括页面大小、页面方向和页面边距等。

对刚刚创建的空白文档设置页面参数的具体操作步骤如下:

步骤1:设置文档页面大小。切换至"布局"选项卡,单击"页面设置"功能组中的"纸张大小"按钮,在下拉列表中选择"A4"命令,如图2-4所示。

步骤2:自定义页边距。单击"页边距"按钮,在下拉列表中选择"自定义边距"命令,如图2-5所示。

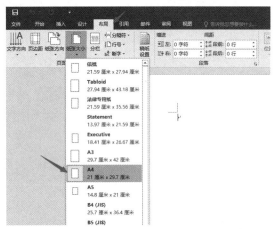
图2-4 设置文档页面大小

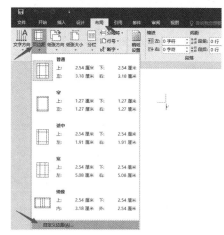
图2-5 自定义页边距

步骤3:设置页边距。在打开的"页面设置"对话框中设置页边距,将上、下页边距设置为"2厘米",左、右页边距设置为"2.5厘米",如图2-6所示。设置完成后单击"确定"按钮完成页面设置。

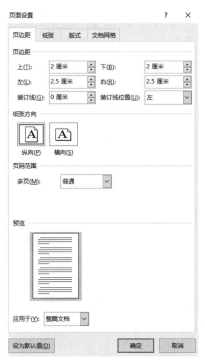
图2-6 设置页边距

3. 输入文本内容

文本是文档最基本的组成部分,因此输入文本内容是 Word 最常见的操作。只需将光标定位到需要输入文本的位置,然后通过键盘直接输入即可。这里可直接将素材包中的文本复制到 Word 文档中。

步骤 1:输入标题段落。将光标定位到页面左上方,输入标题"关于进一步规范管理人员公开招聘工作的通知",标题输入完成后,按[Enter]键,完成标题段落的输入。

步骤 2:复制正文。打开相关素材文本文档"校内通知正文.txt",选择全部文本,右击,在弹出的快捷菜单中选择"复制"命令,如图 2-7 所示。

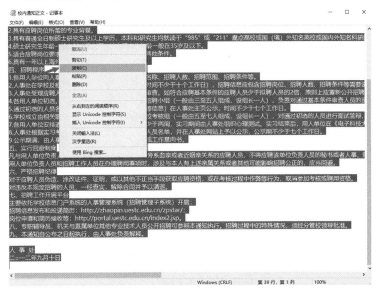

图 2-7 选择所有文本并复制

步骤 3:粘贴正文。返回 Word 2016 工作界面,将光标定位到标题段的下一行(第 2 行),右击,在弹出的快捷菜单中选择"只保留文本"粘贴选项命令,将文本粘贴到 Word 中,如图 2-8 所示。

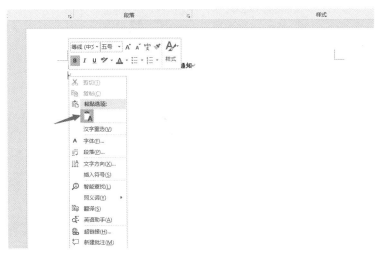

图 2-8 粘贴文本

4. 设置文本格式

文档中的文本需要不同的层次感,这就需要字体及段落的变化。在 Word 2016 中,主要通过"开始"选项卡中的"字体"功能组和"段落"功能组设置字体和段落的格式。对上述文档中的文本进行字体及段落的设置,其具体操作步骤如下:

步骤 1:设置标题文本格式。选中标题文本"关于进一步规范管理人员公开招聘工作的通知",在"字体"功能组中设置"字体"为"华文中宋","字号"为"小二","字形"为"加粗","字体颜色"为"红色"。在"段落"功能组中设置"对齐方式"为"居中",如图 2-9(a)所示;单击"段落"功能组右下角扩展按钮,打开"段落"对话框,设置"段前"和"段后"间距均为"0.5 行",如图 2-9(b)所示。

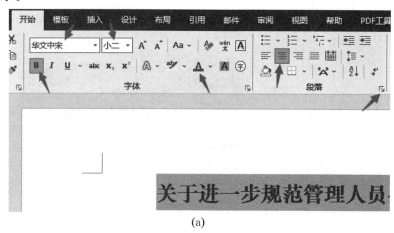

(a)

(b)

图 2-9 设置标题文本格式

步骤 2:设置接收单位文本格式。选中第二段文本"校内各单位:",在"字体"功能组中设置"字体"为"宋体","字号"为"小四","字形"为"加粗","字体颜色"为"黑色"。在"段落"功能组中单击"行和段落间距"按钮,在弹出的下拉列表中选择"1.5",即设置 1.5 倍行距;设置"对齐方式"为"左对齐",如图 2-10 所示。

模块2 文字处理 Word 2016

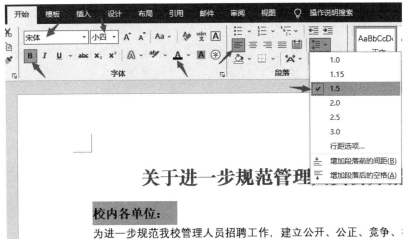

图 2-10 设置第二段文本格式

步骤 3：设置正文格式。选中第三段到倒数第三段（"为进一步规范我校管理人员……由人事处负责解释。"）的正文文本，在"字体"功能组中设置"字体"为"宋体"，"字号"为"小四"，"字体颜色"为"黑色"；选中正文中的标题部分，设置"字形"为"加粗"。单击"段落"功能组右下角扩展按钮，打开"段落"对话框，设置"对齐方式"为"两端对齐"；在"特殊格式"下拉列表框中选择"首行缩进"，"缩进值"设置为"2 字符"，在"行距"下拉列表框中选择"1.5 倍行距"，如图 2-11 所示。单击"确定"按钮完成正文文本段落设置。

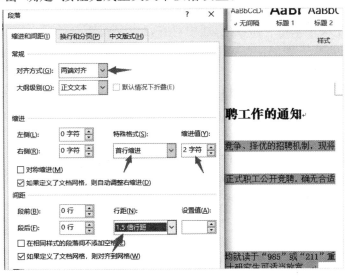

图 2-11 设置正文格式

步骤 4：设置发文机关及发文日期格式。选择最后两段文本，在"字体"功能组中设置"字体"为"宋体"，"字号"为"小四"，"字形"为"加粗"，"字体颜色"为"黑色"。在"段落"功能组中设置"对齐方式"为"右对齐"；单击"行和段落间距"按钮，在弹出的下拉列表中选择"1.5"，即设置 1.5 倍行距。

以上，完成了校内通知的文档排版。

实训拓展

湛江市政府要求印发一篇政府公文,下面需要你完成相应政府公文的排版任务。打开素材包中"拓展2-1-1"的文档"政府公文.docx",参照效果如图2-12所示。

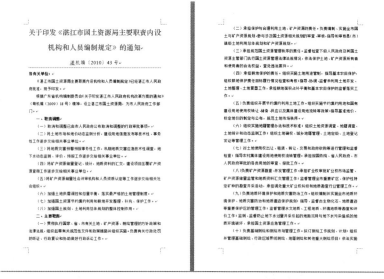

图2-12 政府公文的排版效果

相关操作要求:

① 文件标题:华文中宋,二号,红色;居中对齐,1.5倍行距。

② 文件编号:仿宋,三号,黑色;居中对齐,段前间距0.5行,段后间距0.5行;下框线为单实线,红色,1.5磅线宽。

③ 文件接收单位:宋体,小四,加粗,黑色;左对齐,1.5倍行距。

④ 文件正文:宋体,小四,黑色(正文标题部分加粗);左对齐,1.5倍行距,首行缩进2字符。

⑤ 文件主题词:仿宋,三号,黑色;左对齐,1.5倍行距;下框线为单实线,黑色,1磅线宽。

⑥ 文件抄送:仿宋,三号,黑色;左对齐,1.5倍行距,左缩进1字符,悬挂缩进3字符;下框线为单实线,黑色,1磅线宽。

⑦ 文件制定单位及时间:仿宋,三号,黑色;左对齐,1.5倍行距;下框线为单实线,黑色,1磅线宽。

实训项目2　制作羽毛球比赛宣传海报

实训目的

(1) 掌握应用图片的方法与技巧。

(2) 掌握应用艺术字的方法与技巧。

(3) 掌握应用文本框的方法与技巧。
(4) 掌握应用 Word 2016 制作海报或封面的方法与技巧。

实训任务

羽毛球比赛即将开始,组委会筹备宣传活动,需要设计一张宣传单。使用 Word 2016 打开素材包中"项目 2-2"的文档"001_sr.docx",利用图片素材"001_1.jpg""001_2.jpg"和"001_3.jpg",完成如图 2-13 所示的羽毛球比赛宣传海报的制作。

图 2-13 羽毛球比赛宣传海报效果

相关操作提示:

左、右两图均高 11 厘米、宽 12 厘米,下方一图高 4 厘米、宽 22 厘米;文本"羽你一起"和"舞动青春"设为艺术字;为文本"第八届全国大学生羽毛球赛"应用文本效果,插入文本框,高 3.5 厘米、宽 22 厘米,并设置双波形形状效果。

实训过程

1. 设置页面

步骤 1:启动页面设置。打开相关素材文档"001_sr.docx",在 Word 2016 工作界面中,切换至"布局"选项卡,单击"页面设置"功能组右下角扩展按钮,如图 2-14 所示。

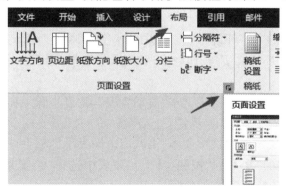

图 2-14 启动页面设置

步骤2:设置页面参数。此时打开"页面设置"对话框,设置"纸张方向"为"横向",上、下、左、右页边距均设置为"0厘米",如图2-15所示。设置完成后单击"确定"按钮完成页面的设置。

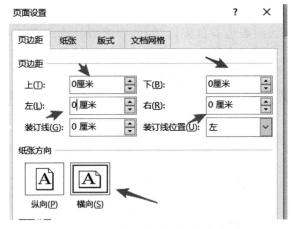

图2-15 设置页面参数

2. 将文本转换为艺术字和文本框

使用Word制作宣传海报或封面类的文档时,经常需要将已有的普通文本转换为艺术字或文本框并将其文字环绕方式设置为"浮于文字上方",以便获得灵活的页面布局基础。这里将素材文档中的两段文本转换为艺术字或文本框以方便布局。

步骤1:文本转换为艺术字。选中文本"羽你一起",切换至"插入"选项卡,单击"文本"功能组中的"艺术字"按钮,从下拉列表中选择第1行第4列艺术字样式,如图2-16所示。此时,所选的普通文本将转换为指定样式的艺术字。

图2-16 文本转换为艺术字

步骤2:设置艺术字的文字环绕方式。选中艺术字,切换至"绘图工具|格式"工具选项卡,单击"排列"功能组中的"环绕文字"按钮,从下拉列表中选择"浮于文字上方"命令,如图2-17所示。

步骤3:文本转换为艺术字。选中文本"舞动青春",重复步骤1和步骤2,将该文本转换为艺术字并设置其文字环绕方式为"浮于文字上方"。

步骤4:文本转换为文本框。选中文本"第八届全国大学生羽毛球赛",切换至"插入"选项卡,单击"文本"功能组中的"文本框"按钮,从下拉列表中选择"绘制文本框"命令,如图2-18所示。此时普通文本将转换为横排文本框。

图 2-17 设置艺术字的文字环绕方式

图 2-18 文本转换为文本框

步骤 5：设置文本框的文字环绕方式。选中文本框，切换至"绘图工具|格式"工具选项卡，单击"排列"功能组中的"环绕文字"按钮，从下拉列表中选择"浮于文字上方"命令，如图 2-19 所示。

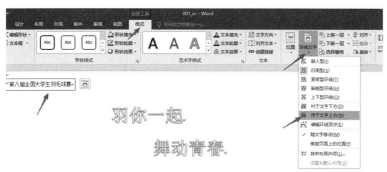

图 2-19 设置文本框的文字环绕方式

步骤6:调整艺术字及文本框的位置,如图2-20所示。

图 2-20 调整艺术字及文本框的位置

3. 应用图片

应用图片需要掌握文档中图片的插入、位置和尺寸的调整、文字环绕方式的定义、图片裁剪、图片旋转、图片效果调整等操作。这里在文档中插入素材中的图片并调整图片位置、大小及添加图片效果。

步骤1:插入图片。切换至"插入"选项卡,单击"插图"功能组中的"图片"按钮,如图2-21(a)所示。在弹出的"插入图片"对话框中,找到本实训项目素材文件夹,选择图片文件"001_2.jpg",单击"插入"按钮将该图片插入到文档中,如图2-21(b)所示。

(a)

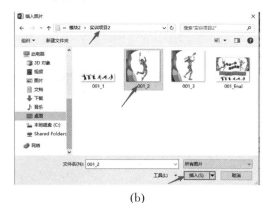

(b)

图 2-21 插入图片

步骤2:设置图片的文字环绕方式。选中图片,切换至"图片工具|格式"工具选项卡,单击"排列"功能组中的"环绕文字"按钮,从下拉列表中选择"浮于文字上方"命令,如图2-22所示。

图 2‑22　设置图片的文字环绕方式

步骤 3：设置图片的大小。单击"大小"功能组中右下角扩展按钮，打开"布局"对话框，取消勾选"锁定纵横比"，设置图片的高度绝对值为"11 厘米"，宽度绝对值为"12 厘米"，如图 2‑23 所示。最后单击"确定"按钮完成设置。

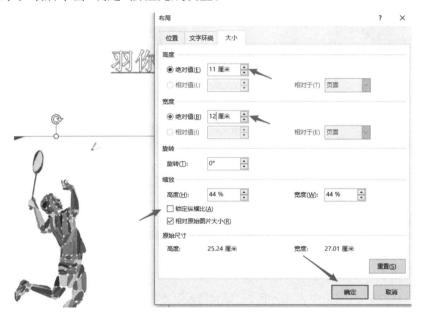

图 2‑23　设置图片的大小

步骤 4：设置图片透明色。单击"调整"功能组中的"颜色"按钮，从下拉列表中选择"设置透明色"命令，如图 2‑24 所示。此时鼠标指针将变化形状，单击图片白色背景处，此时图片白色的背景将变成透明，可以看到下方的文字。

步骤 5：调整图片的位置。选择并移动图片，将图片放置于页面的左上角。

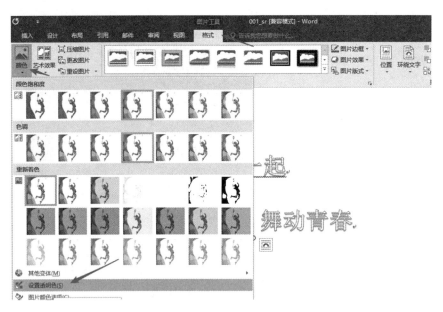

图 2-24 设置图片透明色

步骤 6：插入图片。将素材中的图片文件"001_3.jpg"插入文档，设置同样的文字环绕方式、图片大小和透明色，将图片放置在页面的右上角，如图 2-25 所示。

图 2-25 插入图片

步骤 7：水平翻转图片。选中右上角的图片，切换至"图片工具|格式"工具选项卡，单击"排列"功能组中的"旋转"按钮，从下拉列表中选择"水平翻转"命令，如图 2-26 所示，此时图片将水平翻转。

步骤 8：插入图片。在文档中插入素材中的图片文件"001_1.jpg"，并将其文字环绕方式设置为"浮于文字上方"。

模块2 文字处理Word 2016

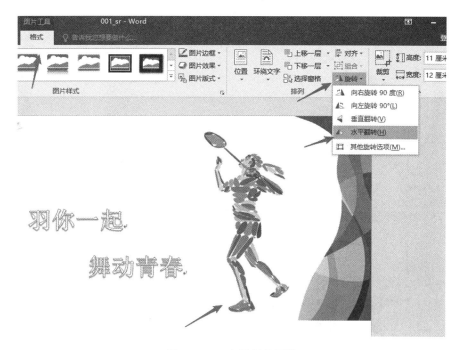

图 2-26 水平翻转图片

步骤9：设置图片的大小。在"图片工具|格式"工具选项卡下单击"大小"功能组中右下角扩展按钮，打开"布局"对话框，取消勾选"锁定纵横比"，设置图片的高度绝对值为"4厘米"，宽度绝对值为"22厘米"，如图 2-27 所示。最后单击"确定"按钮完成设置。

图 2-27 设置图片的大小

步骤10：调整图片的位置。选择并移动图片，将其放置在页面下方居中的位置。当图片在页面居中时，页面中间会出现一条辅助线帮助确认，如图 2-28 所示。

图 2-28 调整图片的位置

4. 调整艺术字效果

艺术字可以通过"开始"选项卡设置字体和段落格式,还可以通过"绘图工具|格式"工具选项卡中的艺术字样式框和形状样式框中的相关选项进行定制。

步骤1:设置艺术字字体格式。选中艺术字"羽你一起",切换至"开始"选项卡,在"字体"功能组中设置"字体"为"华文琥珀","字号"为"48","字形"为"加粗"。然后单击"字体"功能组右下角扩展按钮,如图2-29(a)所示。打开"字体"对话框,选择"高级"选项卡,设置"间距"为"加宽","磅值"为"5磅",如图2-29(b)所示,单击"确定"按钮完成设置。

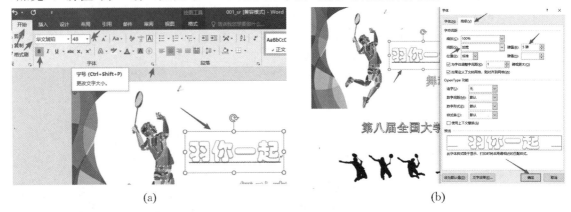

图 2-29 设置艺术字字体格式

步骤2:设置艺术字文本填充及文本轮廓。切换至"绘图工具|格式"工具选项卡,单击"艺术字样式"功能组中的"文本填充"下拉按钮,从下拉列表中选择"深红",如图2-30所示;单击"文本轮廓"下拉按钮,从下拉列表中选择"白色,背景1",如图2-31所示。

图 2-30　设置艺术字文本填充

图 2-31　设置艺术字文本轮廓

步骤 3：设置艺术字文本效果。在"绘图工具|格式"工具选项卡中，单击"艺术字样式"功能组中的"文本效果"下拉按钮，从下拉列表中选择"转换"，在二级列表中选择"波形 2"效果选项，如图 2-32 所示。

图 2-32　设置艺术字文本效果

步骤 4：复制艺术字样式。双击"羽你一起"艺术字文本框进入文本编辑状态，切换至"开始"选项卡，单击"剪贴板"功能组中的"格式刷"按钮复制艺术字样式。

步骤 5：粘贴艺术字样式。此时鼠标指针变成刷子形状，移动到艺术字"舞动青春"上方，单击并拖动刷选文本"舞动青春"，如图 2-33 所示。完成后，"舞动青春"艺术字样式和"羽你一起"一致。

图 2-33　粘贴艺术字样式

步骤 6：设置艺术字文本效果。选中艺术字"舞动青春"，切换至"绘图工具|格式"工具选项卡，单击"艺术字样式"功能组中的"文本效果"下拉按钮，从下拉列表中选择"转换"，在二级列表中选择"倒 V 形"效果选项，如图 2-34 所示。

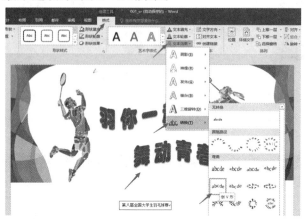

图 2-34　设置艺术字文本效果

步骤 7：调整艺术字位置，效果参考图 2-35 所示。

图 2-35　调整艺术字位置

5. 调整文本框效果

步骤1：设置文本框字体格式。选中"第八届全国大学生羽毛球赛"文本框，切换至"开始"选项卡，在"字体"功能组中设置"字体"为"华文行楷"，"字号"为"小初"。然后单击"字体"功能组右下角扩展按钮，打开"字体"对话框，选择"高级"选项卡，设置"间距"为"加宽"，"磅值"为"3磅"，如图2-36所示，单击"确定"按钮完成设置。

图2-36 设置文本框字体格式

步骤2：更改文本框形状。切换至"绘图工具|格式"工具选项卡，单击"插入形状"功能组中的"编辑形状"按钮，从下拉列表中选择"更改形状"，在二级列表中选择"星与旗帜"栏中的"双波形"，如图2-37所示。此时文本框的形状将从矩形更改为双波形。

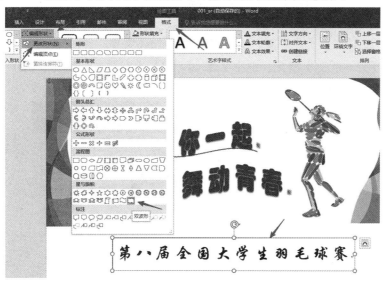

图2-37 更改文本框形状

步骤3：设置文本框形状填充及形状轮廓。在"绘图工具|格式"工具选项卡中，单击"形状样式"功能组中的"形状填充"下拉按钮，从下拉列表中选择"浅蓝"，如图2-38所示；单击"形

状轮廓"下拉按钮,从下拉列表中选择"无轮廓",把文本框的轮廓去掉,如图 2‑39 所示。

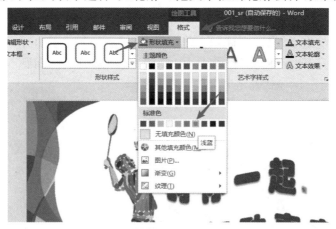

图 2‑38　设置文本框形状填充

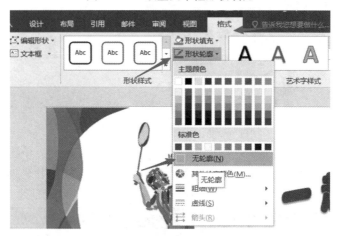

图 2‑39　设置文本框形状轮廓

步骤 4:设置文本框文本填充。选中文本,单击"艺术字样式"功能组中的"文本填充"下拉按钮,从下拉列表中选择"白色,背景 1",如图 2‑40 所示,将文本的颜色改为白色。

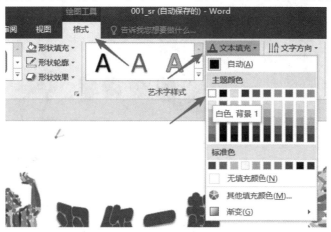

图 2‑40　设置文本框文本填充

步骤5：设置文本框文本轮廓。单击"文本轮廓"下拉按钮，从下拉列表中选择"橙色，个性色6"，如图2-41所示。再次单击"文本轮廓"按钮，从下拉列表中选择"粗细"，在二级列表中选择"2.25磅"，如图2-42所示。

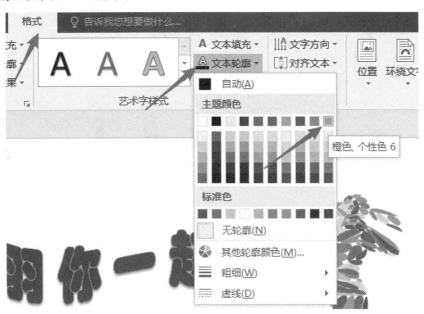

图2-41　设置文本框文本轮廓颜色

图2-42　设置文本框文本轮廓线条粗细

步骤6：调整文本框的大小及位置。选中文本框，拖动调整其大小及位置并放置于页面水平居中的位置（当水平居中时有辅助线帮助确认），如图2-43所示。

以上就完成了羽毛球比赛宣传海报的制作，单击"保存"按钮对文档进行最终存盘。

图 2-43 调整文本框的大小及位置

实训拓展

（1）制作一张有关礼仪的公益宣传海报。打开素材包中"拓展 2-2-1"的文档"001_sr.docx"，利用图片素材"001.jpg"进行排版，参照效果如图 2-44 所示。

图 2-44 公益宣传海报效果

相关操作要求：

① 插入图片"001.jpg"：图片高 29.7 厘米、宽 21 厘米；衬于文字下方；相对于页边距水平居中对齐、垂直居中对齐；图片艺术效果为"十字图案蚀刻"。

② 插入形状"流程图：终止"：形状高 18 厘米、宽 5.5 厘米；形状样式为"细微效果-灰色-

强调颜色3",添加"透视左上"阴影效果,添加"硬边缘"棱台效果;相对于页边距水平右对齐、垂直顶端对齐;添加文本"讲文明 树新风",黑体、三号、深红色。

③ 选中素材文本,绘制竖排文本框:文本框高10厘米、宽5厘米;文本框水平绝对位置位于页面右侧3厘米,垂直绝对位置位于页面下侧75厘米;无填充颜色、无轮廓颜色;文本框文本垂直居中对齐。

④ 将文本框内文字转换为繁体字:隶书、小三号,字符间距加宽3磅;1.5倍行距,第二段文字("礼之所废……")首行缩进2字符。

⑤ 插入艺术字"礼":艺术字样式为"填充-黑色,文本1,阴影";隶书、210磅,添加"半映像:4磅偏移量"映像变体效果;艺术字宽度为12厘米,相对于页边距水平右对齐、垂直顶端对齐。

(2) 某花店需要制作一张开业宣传海报。打开素材包中"拓展2-2-2"的文档"002_sr.docx",利用图片素材"002.jpg"进行排版,参照效果如图2-45所示。

图2-45 开业宣传海报效果

相关操作要求:

① 页面纸张大小为A4,上、下页边距为4.5厘米。

② 页面背景填充效果:单色渐变,RGB颜色(18,81,73),底纹样式为"中心辐射"。

③ 插入图片"002.jpg":衬于文字下方;图片高26.7厘米、宽18厘米;相对于页边距水平居中对齐、垂直居中对齐;图片样式为"居中矩形阴影"。

④ 选中素材文本,绘制文本框:文本框高7.2厘米、宽13厘米;相对于页边距水平居中对齐、垂直底端对齐;无填充颜色、无轮廓颜色。

⑤ 在文本"主要经营"前后分别插入符号:"Wingdings"字符集,字符代码分别为"150"和"151";文本"☪主要经营☫"颜色为白色;添加文字底纹,RGB颜色(18,81,73)。

⑥ 绘制圆角矩形:形状高1.8厘米、宽11厘米,相对于页边距水平居中对齐、垂直居中对齐;浮于文字上方;形状填充颜色为RGB颜色(18,81,73)、无轮廓颜色;输入文本"盛大开业 全场五折",20磅、加粗。

⑦ 插入艺术字"花房故事FLOWER",文本分段;浮于文字上方;艺术字样式为"填充-黑色,文本1,边框-白色,背景1,清晰阴影-白色,背景1";"花房故事"字体大小为72磅;艺术字文本填充RGB颜色(18,81,73),添加"5磅发光,绿色,主题色6"发光变体效果;相对于页边距水平居中对齐、垂直绝对位置位于页面下侧1.4厘米。

实训项目3　制作服装销售统计表

实训目的

(1) 掌握文本转换成表格的方法。
(2) 掌握表格布局调整的方法与技巧。
(3) 掌握表格外观设置的方法与技巧。
(4) 掌握表格应用公式进行计算的方法与技巧。
(5) 掌握表格数据排序的方法与技巧。

实训任务

天河服装城需要对2016年的销售情况进行统计(数据虚拟,仅作练习),并对其各类产品的总销量进行对比。使用Word 2016打开素材包中"项目2-3"的文档"001_sr.docx"进行排版,参照效果如图2-46所示。

2016年天河服装城销售情况统计

服装	一季度	二季度	三季度	四季度	总销量
卫衣	28716	29865	29302	31014	118897.00
夹克	24460	25439	24960	26417	101276.00
毛衣	18558	19301	18937	20043	76839.00
风衣	16330	16983	16663	17636	67612.00
衬衫	15600	16224	15918	16848	64590.00
棉衣	9160	9527	9347	9893	37927.00
T恤	7628	8000	7784	8239	31651.00
皮衣	7539	7840	7693	8142	31214.00
背心	7351	7645	7501	7939	30436.00

图2-46　服装销售统计表效果

相关操作提示：

表格外边框 3 磅，内边框 1.5 磅。第 1 列和最后一列宽 3 厘米，中间四列宽 2 厘米，第 1 行高 1.5 厘米，其余行高 0.8 厘米；表格居中，表格中所有文字中部居中。各类产品总销量计算结果需要保留两位小数，最后要按总销量从高到低排序（如果总销量相同，则按服装名称拼音升序排序）。

实训过程

1. 设置标题格式

打开相关素材文档"001_sr.docx"，选中第一段标题文本，切换至"开始"选项卡，在"字体"功能组中设置"字体"为"华文中宋"，"字号"为"三号"，"字形"为"加粗"，"字体颜色"为"浅蓝"；在"段落"功能组中设置"对齐方式"为"居中"，如图 2-47 所示。

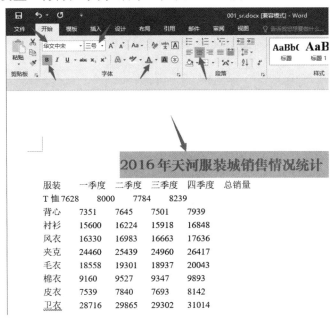

图 2-47 设置标题文本格式

2. 文本转换成表格

实现文本转换成表格在于要根据所选文本设置恰当的文字分隔符，如制表符、空格、逗号或其他特殊符号，这样 Word 才能对所选文本进行分隔以生成表格。

步骤 1：启动文本转换成表格。选择第 2 行到第 11 行段落文本，切换至"插入"选项卡，单击"表格"功能组中的"表格"按钮，从下拉列表中选择"文本转换成表格"命令，如图 2-48 所示。

步骤 2：设置转换参数。此时弹出"将文字转换成表格"对话框，在"文字分隔位置"区中定义恰当的分隔符（这里根据文本分隔情况使用默认值"制表符"），在"表格尺寸"区中设置需要的列数（这里使用默认值"6"），最后单击"确定"按钮完成文字转换成表格的设置，如图 2-49 所示。

步骤 3：查看表格效果。返回 Word 工作界面，所选文本已经转换为 6 列 10 行的表格，效果如图 2-50 所示。

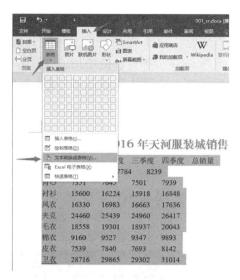

图 2‑48　启动文本转换成表格

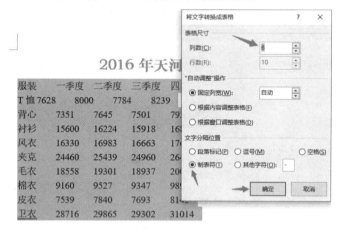

图 2‑49　设置转换参数

服装	一季度	二季度	三季度	四季度	总销量
T恤	7628	8000	7784	8239	
背心	7351	7645	7501	7939	
衬衫	15600	16224	15918	16848	
风衣	16330	16983	16663	17636	
夹克	24460	25439	24960	26417	
毛衣	18558	19301	18937	20043	
棉衣	9160	9527	9347	9893	
皮衣	7539	7840	7693	8142	
卫衣	28716	29865	29302	31014	

2016年天河服装城销售情况统计

图 2‑50　文本转换成表格后的效果

3. 调整表格布局

创建完表格之后,还需要对表格的布局进行调整。

步骤1:设置单元格行高。选中表格第1行,切换至"表格工具|布局"工具选项卡,将"单元格大小"功能组中的"高度"设置为"1.5厘米",如图2-51所示。单击文档空白处取消选择,重新选中第2行到第10行,将"单元格大小"功能组中的"高度"设置为"0.8厘米",如图2-52所示。

图2-51　设置第1行行高 　　　　　　图2-52　设置其余行行高

步骤2:设置单元格列宽。选中表格第1列,切换至"表格工具|布局"工具选项卡,将"单元格大小"功能组中的"宽度"设置为"3厘米",如图2-53所示。单击文档空白处取消选择后,重新选中第2列到第5列,将"单元格大小"功能组中的"宽度"设置为"2厘米",如图2-54所示。用同样方法,选中最后1列并设置"宽度"为"3厘米"。

图2-53　设置第1列列宽 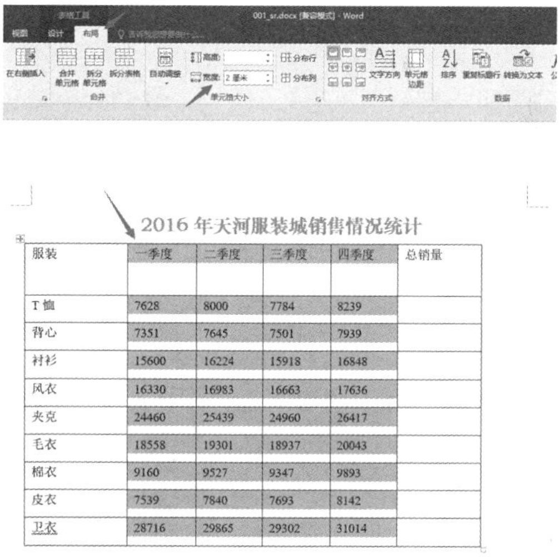　　　　　　图2-54　设置第2列到第5列列宽

步骤3:设置单元格内容对齐方式。选中所有单元格,在"表格工具|布局"工具选项卡下"对齐方式"功能组中单击"水平居中"按钮,将单元格内容设置为水平及垂直均居中对齐,如图2-55所示。

步骤4:设置表格对齐方式。单击表格左上方全选按钮,选中表格,切换至"开始"选项卡,在"段落"功能组中单击"居中"按钮,将表格设置为水平居中对齐,如图2-56所示。

图2-55 设置单元格内容对齐方式　　　　图2-56 设置表格对齐方式

4. 设置表格外观

步骤1：设置表格外框样式。选中所有单元格，切换至"表格工具|设计"工具选项卡，在"边框"功能组中，设置"笔样式"为"粗细线"，"笔刷粗细"为"3.0磅"，"笔颜色"为"红色"，然后单击"边框"下拉按钮，从下拉列表中选择"外侧框线"，如图2-57所示。

图2-57 设置表格外框样式

步骤2：设置表格内框样式。和步骤1类似，选中所有单元格，在"边框"功能组中，设置"笔样式"为"单实线"，"笔刷粗细"为"1.5磅"，"笔颜色"为"蓝色"，然后单击"边框"下拉按钮，从下拉列表中选择"内部框线"，如图2-58所示。

模块2 文字处理Word 2016

图 2-58 设置表格内框样式

步骤3：设置表头底纹。选中表格第1行(表头)，在"表格工具|设计"工具选项卡下"表格样式"功能组中单击"底纹"下拉按钮，从下拉列表中选择"浅绿"，如图2-59所示。

步骤4：设置表头字体格式。切换至"开始"选项卡，在"字体"功能组中设置"字号"为"小四"，"字形"为"加粗"，如图2-60所示。

图 2-59 设置表头底纹　　　　　　　　图 2-60 设置表头字体格式

5. 表格公式运算及排序

步骤1：执行公式运算。单击第2行第6列的单元格，切换至"表格工具|布局"工具选项卡，单击"数据"功能组中的"公式"按钮，启动公式运算。此时弹出"公式"对话框，在"公式"文本框中输入"=SUM(LEFT)"，"编号格式"下拉列表中选择"0.00"(结果保留两位小数)，如图2-61所示，最后单击"确定"按钮完成公式运算。

图 2-61　执行公式运算

步骤 2：完成其他单元格的计算。Word 中的公式运算只能逐个单元格地进行，所以需要不断单击第 6 列的其他单元格，重复步骤 1，使用同样的方法完成第 6 列其他单元格的求和运算，最终效果如图 2-62 所示。

2016 年天河服装城销售情况统计

服装	一季度	二季度	三季度	四季度	总销量
T恤	7628	8000	7784	8239	31651.00
背心	7351	7645	7501	7939	30436.00
衬衫	15600	16224	15918	16848	64590.00
风衣	16330	16983	16663	17636	67612.00
夹克	24460	25439	24960	26417	101276.00
毛衣	18558	19301	18937	20043	76839.00
棉衣	9160	9527	9347	9893	37927.00
皮衣	7539	7840	7693	8142	31214.00
卫衣	28716	29865	29302	31014	118897.00

图 2-62　所有单元格完成公式运算

步骤 3：设置表格排序。选中所有单元格，在"表格工具|布局"工具选项卡下单击"数据"功能组中的"排序"按钮，弹出"排序"对话框。在"列表"区中单击"有标题行"单选选项，然后设置"主要关键字"为"总销量""降序"，"次要关键字"为"服装""升序"，如图 2-63 所示，完成后单击"确定"按钮完成排序。

以上，完成了服装销售统计表的制作。

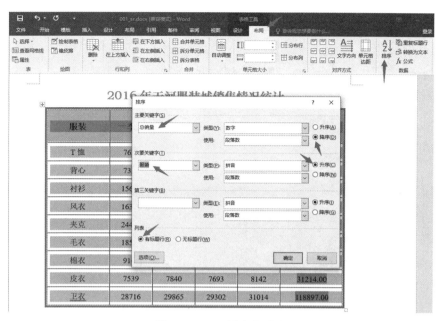

图 2-63 设置表格排序

实训拓展

（1）某艺术培训中心准备推出一系列培训班，需要在宣传资料上插入课程表。打开素材包中"拓展 2-3-1"的文档"001_sr.docx"进行排版，参照效果如图 2-64 所示。

课程	咨询老师	名师班		培优班		上课时间
		课时	价格	课时	价格	
钢琴	王 悦	30 节	1500 元	20 节	800 元	周六上午 8:30—10:30
小提琴	杨海虹	30 节	1500 元	20 节	800 元	周日上午 8:30—10:30
美术	陈羽凡	30 节	1800 元	20 节	1000 元	周六上午 8:30—10:30
声乐	杨海虹	30 节	1800 元	20 节	1000 元	周六下午 2:30—4:30
民族舞	杨海虹	30 节	1800 元	20 节	1000 元	周日上午 8:30—10:30

图 2-64 课程表效果

相关操作提示：

纸张大小：宽 25 厘米、高 15 厘米。上、下、左、右页边距为 2.5 厘米。表格行高 1 厘米，根据内容调整列宽。页眉处插入艺术字（填充-红色，强调文字颜色 2，暖色粗糙硬边缘棱台）。设置表格样式。

（2）根据公司年度办公开支统计数据，制作办公开支明细表并生成图表。打开素材包中"拓展 2-3-2"的文档"002_sr.docx"，利用图片素材"002.jpg"进行排版，参照效果如图 2-65 所示。

图 2-65 办公开支明细表和图表效果

相关操作要求：

① 设置文档属性：文档标题为"2020年度办公开支明细"，作者为"财务部"。

② 设置纸张方向为横向，上、下页边距为2.8厘米。

③ 将相关文本转换成表格。

④ 计算每季度合计开支及每项开支的平均值，计算结果保留整数。

⑤ 设置表格行高为1.2厘米；套用表格样式为"清单表2-着色5"；单元格内文字水平和垂直都居中。

⑥ 在表格下方插入分页符。

⑦ 在第2页插入堆积柱形图，显示各季度各项开支明细数据；图表高12厘米、宽24厘米；更改图表颜色为"单色调色板5"，图表样式为"样式2"，添加系列线；修改图表标题为"2020年度

办公开支明细图";设置绘图区无填充颜色、无轮廓颜色;水平居中对齐。

⑧ 在表格上方插入题注,题注标签为"表",题注编号格式为"1,2,3…",题注内容为"2020年度办公开支明细表",居中对齐;在图表下方插入题注,题注标签为"图表",题注编号格式为"Ⅰ,Ⅱ,Ⅲ…",题注内容为"2020年度办公开支明细图",居中对齐。

⑨ 插入图片水印"002.jpg",缩放大小100%,冲蚀显示。

⑩ 设置页眉和页码:插入页眉"花丝"样式;插入页码"三角形2"样式。

†实训项目 4　员工行为手册的排版†

实训目的

(1) 掌握分页设置的方法与技巧。
(2) 掌握样式的设置、应用的方法与技巧。
(3) 掌握页面背景的设置方法与技巧。
(4) 掌握页眉、页脚的设置方法与技巧。
(5) 掌握创建目录的方法与技巧。

实训任务

某公司计划印刷"员工行为手册"。打开素材包中"项目2-4"的文档"001_sr.docx",利用图片素材"001_1.jpg"和"001_2.jpg"进行排版,参照效果如图2-66所示。

(a)

图 2-66　员工行为手册效果

(b)

图 2-66 员工行为手册效果(续)

相关操作提示：

将标题转换为艺术字。图片高 10 厘米、宽 13 厘米。为各级标题分别使用标题样式。目录样式为"正式"，黑体、小四号。底端页码为"积分"样式。页面背景填充纹理为"羊皮纸"样式。

实训过程

1. 分页及设置页面背景

在制作员工手册、毕业论文或策划书类的文档时，内容往往比较多，一些内容可能需要另起新的一页制作编辑，此时就需要用到分页或者更加复杂的分节操作。

步骤 1：应用"分页"命令分页。打开相关素材文档"001_sr.docx"，在文档中的文字"目录"前单击，此时在"目录"前有光标闪烁，切换至"插入"选项卡，单击"页面"功能组中的"分页"按钮，如图 2-67 所示，此时从"目录"开始将另起一页，完成分页操作。

步骤 2：应用"分页符"命令分页。在文本"常言道：无规矩……"前单击，切换至"布局"选项卡，单击"页面设置"功能组中的"分隔符"按钮，从下拉列表中选择"分页符"，在此处插入分页符，如图 2-68 所示。此时，在当前光标处将另起一页，完成分页操作，与步骤 1 效果一样。

步骤 3：设置页面背景。切换至"设计"选项卡，单击"页面背景"功能组中的"页面颜色"按钮，从下拉列表中选择"填充效果"命令，如图 2-69(a)所示。在弹出的"填充效果"对话框中，选择"纹理"选项卡，从下拉列表中找到"羊皮纸"纹理样式，如图 2-69(b)所示。单击"确定"按钮完成页面背景填充效果的设置。

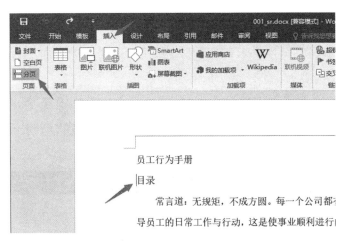

图 2-67　应用"分页"命令分页

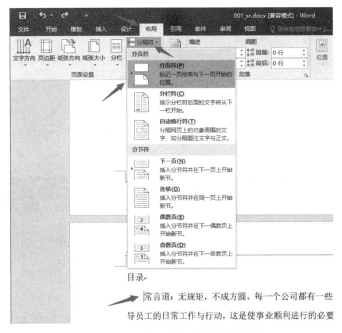

图 2-68　应用"分页符"命令分页

(a)　　　　　　　　　　　　　　(b)

图 2-69　设置页面背景

2. 制作手册封面

完成页面背景的设置后,接下来就是要制作员工行为手册的封面,主要是要将文本转换为艺术字并插入图片。

步骤1:文本转换为艺术字。选中文本"员工行为手册",切换至"插入"选项卡,单击"文本"功能组中的"艺术字"按钮,从下拉列表中选择艺术字样式"填充-红色,着色2,轮廓-着色2",如图2-70所示,将所选文本转换为艺术字。

图2-70 文本转换为艺术字

步骤2:设置艺术字的文字环绕方式。切换至"绘图工具|格式"工具选项卡,单击"排列"功能组中的"环绕文字"按钮,从下拉列表中选择"浮于文字上方",如图2-71所示,该设置便于页面对象的自由布局。

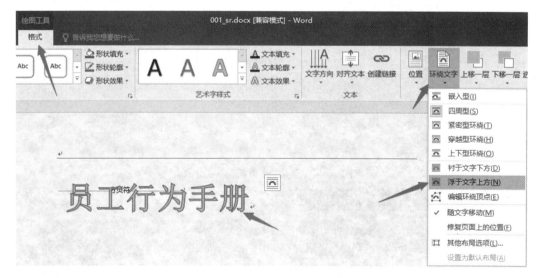

图2-71 设置艺术字的文字环绕方式

步骤3:设置艺术字的字体格式。保持艺术字选中状态,切换至"开始"选项卡,在"字体"功能组中设置"字体"为"华文中宋","字号"为"60","字形"为"加粗",如图2-72(a)所示,然后单击"字体"功能组右下角扩展按钮。在弹出的"字体"对话框中,选择"高级"选项卡,设置"间距"为"加宽","磅值"为"3磅",如图2-72(b)所示,最后单击"确定"按钮完成设置。

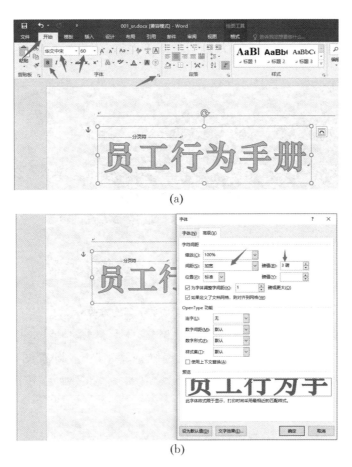

图 2-72 设置艺术字的字体格式

步骤4:插入图片。单击页面空白处取消艺术字的选择,切换至"插入"选项卡,单击"插图"功能组中的"图片"按钮,弹出"插入图片"对话框,找到本项目素材文件夹,选择图片文件"001_1.jpg",单击"插入"按钮将图片插入文档中,如图2-73所示。

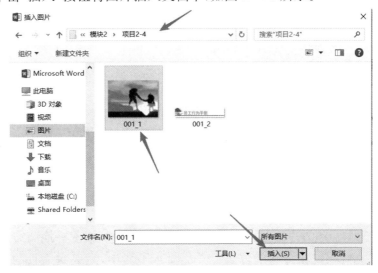

图 2-73 插入图片

步骤5:设置图片文字环绕方式。图片插入文档后会自动被选择,其右侧上方会自动出现文字环绕方式设置按钮,单击此按钮,从中选择"浮于文字上方"选项,如图2-74所示。

图2-74 设置图片文字环绕方式

步骤6:设置图片大小。切换至"图片工具|格式"工具选项卡,单击"大小"功能组右下角扩展按钮,打开"布局"对话框,取消勾选"锁定纵横比"选项,设置图片的高度绝对值为"10厘米",宽度绝对值为"13厘米",如图2-75所示,最后单击"确定"按钮完成设置。

图2-75 设置图片大小

步骤7:套用图片样式。单击"图片样式"下拉按钮,在下拉列表中选择"映像右透视"样式,如图2-76所示。

步骤8:调整艺术字和图片位置。分别选中艺术字和图片,用鼠标拖动的方式调整它们在页面中的位置,将它们放置在合适的位置上并尽量水平居中,最终封面页的效果如图2-77所示。

图 2-76 套用图片样式

图 2-77 调整位置后效果

3. 定义标题样式

在制作复杂的 Word 文档时,往往需要生成整个文档的目录,要生成目录就必须先对相应的标题应用样式。应用样式最快捷的方法是套用 Word 内置的各个级别的标题样式,但内置标题样式的默认格式不一定符合文档排版的要求,这时就需要先修改内置标题样式的默认格式,以满足文档排版的需求。

步骤 1:修改"标题 1"样式。单击页面空白处,取消所有对象的选择,切换至"开始"选项卡,右击"样式"功能组中的"标题 1"样式,在弹出的快捷菜单中选择"修改"命令,如图 2-78 所示。

图 2-78 修改"标题 1"样式

步骤 2:编辑"样式 1"字体格式。在弹出的"修改样式"对话框中单击左下方的"格式"按钮,从弹出的菜单中选择"字体"命令,如图 2-79(a)所示。此时将弹出"字体"对话框,可以看到"样式 1"默认的字体格式定义,如图 2-79(b)所示。这里不修改其字体设置,单击"确定"按钮完成字体的设置。

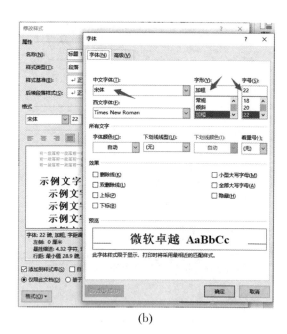

(a)   (b)

图 2-79　编辑"样式 1"字体格式

步骤 3：编辑"样式 1"段落格式。返回"修改样式"对话框，再次单击左下方的"格式"按钮，从弹出的菜单中选择"段落"命令。在弹出的"段落"对话框中，设置"对齐方式"为"居中"，"特殊格式"为"无"，"段前"为"25 磅"，"段后"为"12 磅"，"行距"为"1.5 倍行距"，如图 2-80 所示，单击"确定"按钮完成设置。

图 2-80　编辑"样式 1"段落格式

在返回的"修改样式"对话框中单击"确定"按钮完成"样式1"的修改。

步骤4：修改"标题2"样式。右击"样式"功能组中的"标题2"样式，在弹出的快捷菜单中选择"修改"命令。

步骤5：编辑"样式2"段落格式。"样式2"字体格式无须修改。在"修改样式"对话框中单击左下方的"格式"按钮，从弹出的菜单中选择"段落"命令。在弹出的"段落"对话框中，设置"段前"为"6磅"，"段后"为"6磅"，"行距"为"1.5倍行距"，单击"确定"按钮完成段落设置。

在返回的"修改样式"对话框中单击"确定"按钮完成"样式2"的修改。

步骤6：修改"标题3"样式。同前面的步骤一样，编辑"样式3"的字体和段落格式，设置"字形"为"加粗"，"字号"为"小四"；设置"段前"为"6磅"，"段后"为"6磅"，"行距"为"1.5倍行距"。

在返回的"修改样式"对话框中单击"确定"按钮完成"样式3"的修改。

4. 应用标题样式

这里为文档的各级标题文本套用相应的修改好的各级标题样式。

分析文档，如"第1章"这类章标题是1级标题，应套用"标题1"样式，如"1.1"这类由两级数字组成的标题是2级标题，应套用"标题2"样式，如"3.1.1"这类由三级数字组成的标题是3级标题，应套用"标题3"样式。

步骤1：套用"标题1"样式。在文档第3页选中文本段落"第1章　企业背景"，在"开始"选项卡下"样式"功能组中单击"标题1"样式选项，为文本段落套用"标题1"样式，如图2-81所示。

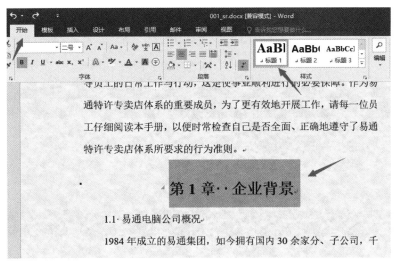

图2-81　套用"标题1"样式

步骤2：为其他标题套用相应级别的标题样式。重复步骤1，选择文档中的标题段落，在"样式"功能组中单击相应的标题样式选项（"标题1""标题2""标题3"），套用相应级别的标题样式，如图2-82和图2-83所示。

步骤3：为附录标题套用"标题1"样式。在文档最后1页，选择附录页的标题文本段落，在"样式"功能组中单击"标题1"样式选项，为其套用"标题1"样式，如图2-84所示。

这样，文档就完成了样式的应用。

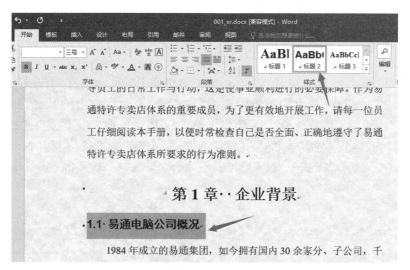

图 2-82　套用"标题 2"样式

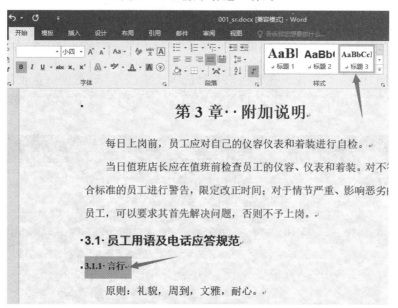

图 2-83　套用"标题 3"样式

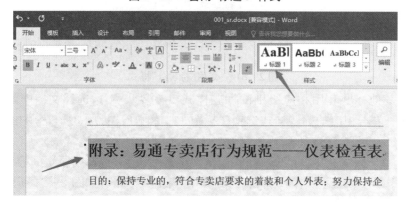

图 2-84　附录页标题套用"标题 1"样式

5. 生成目录

当文档中的所有标题文本都套用了相应级别的标题样式后,就可以使用 Word 中的生成目录功能生成文档的目录。

步骤1:设置"目录"标题文本的格式。在文档第 2 页文本"目录"后单击,使光标位于此处,然后按[Enter]键两次,在后面增加两空行。选中文本"目录",切换至"开始"选项卡,在"字体"功能组中设置"字体"为"黑体","字号"为"一号";在"段落"功能组中设置"对齐方式"为"居中",如图 2-85 所示。

图 2-85　设置"目录"的标题格式

步骤2:启动自定义目录。在文本"目录"后面第 2 个空行处单击,切换至"引用"选项卡,单击"目录"功能组中的"目录"按钮,在下拉列表中选择"自定义目录"命令,如图 2-86 所示。

步骤3:定义目录生成选项。此时弹出"目录"对话框,在"常规"区的"格式"列表中选择"正式","显示级别"设置为"3",单击"确定"按钮生成目录,如图 2-87 所示。

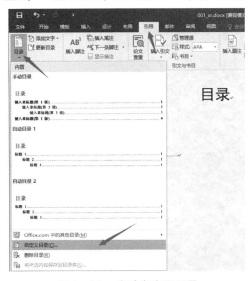

图 2-86　启动自定义目录

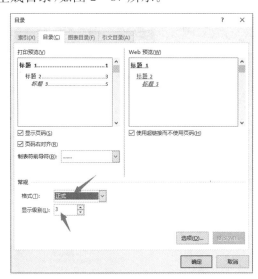

图 2-87　定义目录生成选项

步骤4:设置目录格式。选中生成的目录中的所有文本段落,切换至"开始"选项卡,在"字体"功能组中设置"字体"为"黑体","字号"为"小四",如图 2-88 所示。

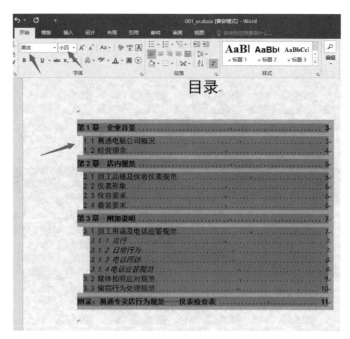

图 2-88　设置目录格式

这样，文档就完成了目录的生成以及格式设置。

6. 设置页眉和页脚

文档经常需要对页眉和页脚进行设置，页眉和页脚可以放置文本、页码，也可以放置图片等对象。

步骤 1：启动编辑页眉。在文档第 2 页或第 3 页任意位置单击，切换至"插入"选项卡，单击"页眉和页脚"功能组中的"页眉"按钮，在下拉列表中选择"编辑页眉"命令，如图 2-89 所示。文档进入页眉和页脚编辑状态，正文部分会变成半透明灰白的不可编辑状态。

图 2-89　启动编辑页眉

步骤2:设置首页不同。此时会自动切换至"页眉和页脚工具|设计"工具选项卡,因为文档首页作为文档封面,无须设置页眉和页脚,所以"选项"功能组中勾选"首页不同"复选框,如图2-90所示。

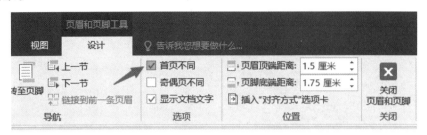

图2-90 设置首页不同

步骤3:在页眉中插入图片。在页眉位置单击,切换至"插入"选项卡,单击"插图"功能组中的"图片"按钮,弹出"插入图片"对话框。找到本项目素材文件夹,选择图片文件"001_2.jpg",然后单击"插入"按钮,如图2-91所示,将所选图片插入文档页眉中。

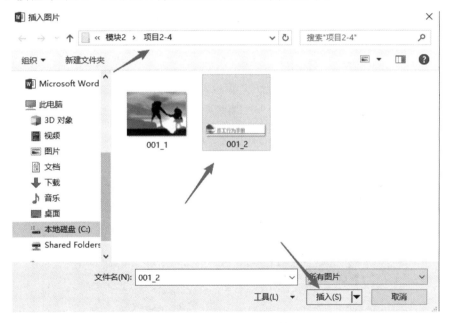

图2-91 在页眉中插入图片

步骤4:插入页脚。在"页眉和页脚"功能组中单击"页脚"按钮,在下拉列表中找到"积分"样式并单击,如图2-92所示,此时在文档页脚位置将插入"积分"样式的页脚,包括红色底纹的页码和灰色底纹的作者两项。

步骤5:删除页脚作者项。单击选中文档页脚灰色的作者项,然后按[Delete]键删除该项,如图2-93所示。最后单击"关闭"功能组中的"关闭页眉和页脚"按钮即可。

以上,完成了整个员工行为手册文档的排版编辑工作。

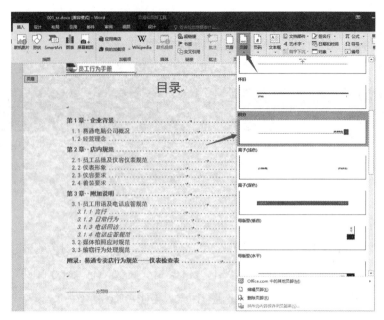

图 2-92　插入页脚

图 2-93　删除页脚作者项

实 训 拓 展

(1) 某公司撰写了一份策划案,现需排版。打开素材包中"拓展 2-4-1"的文档"001_sr.docx",利用图片素材"001.jpg"进行排版,参照效果如图 2-94 所示。

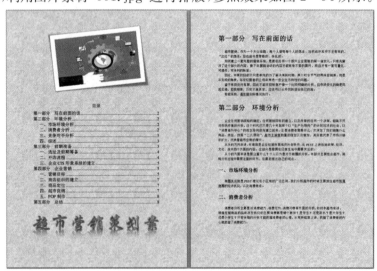

(a)

图 2-94　策划案排版效果

(b)

图 2-94　策划案排版效果(续)

相关操作提示：

将标题设为艺术字。图片高 6 厘米、宽 10 厘米。将"商店组织的建立"一节中的文本转换为组织结构图。页面背景为"蓝色面巾纸"。各级标题分别使用相应的标题样式。目录为"自动目录 1"，四号。

(2) 公司策划部要提交房地产类的投标书。打开素材包中"拓展 2-4-2"的文档"002_sr.docx"，利用图片素材"002.jpg"进行排版，调整标题级别和顺序，参照效果如图 2-95 所示。

图 2-95　投标书排版效果

相关操作提示：

标题为艺术字，腰鼓型。页面背景为"蓝色面巾纸"。插入"流行"目录，显示 2 级，华文中宋，调整行距。封面没有页眉页脚。

实训项目 5　应用邮件合并批量制作邀请函

实训目的

(1) 掌握设置图片作为页面背景的方法与技巧。
(2) 掌握对象组合操作的方法与技巧。
(3) 掌握邮件合并信函的方法与技巧。

实训任务

校友会筹委会要给往届校友发送校庆日的邀请函,要求必须使用邮件合并的方式快速生成所有的邀请函。使用提供的素材包中的"项目 2-5",以"001_sr1.docx"作为主文档、"001_sr2.xlsx"作为数据源,利用图片素材"001_1.jpg"和"001_2.jpg"进行排版,参照插入域的效果如图 2-96 所示,预览结果的第一个页面如图 2-97 所示。编辑完成后,保存已编辑插入域的主文档"001_sr1.docx",并将完成后合并全部记录的新文档保存为"001.docx"。

图 2-96　插入域的效果

图 2-97　预览结果第一个页面的效果

相关操作提示：

图片"001_1.jpg"的大小与页面大小相同，应用"线条图"艺术效果。图片"001_2.jpg"高和宽均为3厘米，与图下文字组合。设置邮件合并。

实训过程

1. 应用图片作为页面背景

图片作为背景，可以直接使用页面背景设置功能，将图片指定为页面的背景，但这种方法不灵活，无法对设置为背景的图片进行调整，也无法应用各种图片效果。下面将使用另外一种方法。

步骤1：插入图片。打开相关素材文档"001_sr1.docx"，切换至"插入"选项卡，单击"插图"功能组中的"图片"按钮，在弹出的"插入图片"对话框中，打开本项目素材文件夹，选择图片素材"001_1.jpg"，单击"插入"按钮将图片插入文档中，如图2-98所示。

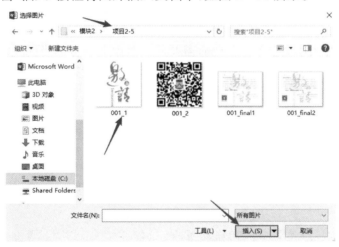

图2-98　插入图片

步骤2：设置图片效果。插入图片后自动切换至"图片工具|格式"工具选项卡，单击"调整"功能组中的"艺术效果"按钮，从下拉列表中选择"线条图"艺术效果，如图2-99所示。

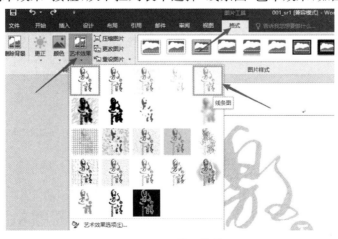

图2-99　设置图片效果

步骤3:设置图片的文字环绕方式。在"图片工具|格式"工具选项卡中,单击"排列"功能组中的"环绕文字"按钮,从下拉列表中选择"衬于文字下方",如图2-100所示。

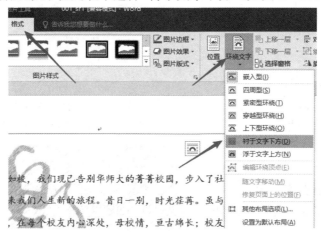

图2-100 设置图片的文字环绕方式

步骤4:设置图片大小调整参数。此时需要调整图片大小与文档页面相吻合,但图片大小比例与页面比例不吻合,所以需要先设置图片大小调整时不按长宽比等比例变化。单击"大小"功能组右下角扩展按钮,在弹出的"布局"对话框中,取消勾选"锁定纵横比",最后单击"确定"按钮完成设置。

步骤5:调整图片大小吻合页面。回到Word工作界面,用鼠标拖动图片周围的8个调节柄进行图片大小调整,使得图片大小与页面大小相吻合,如图2-101所示,即可完成图片作为页面背景的操作。

图2-101 调整图片大小吻合页面

2. 插入二维码图片及文本框

步骤1:插入二维码图片。切换至"插入"选项卡,单击"插图"功能组中的"图片"按钮,在弹出的"插入图片"对话框中,打开本项目素材文件夹,选择二维码图片文件"001_2.jpg",单击"插入"按钮将二维码图片插入文档,如图2-102所示。

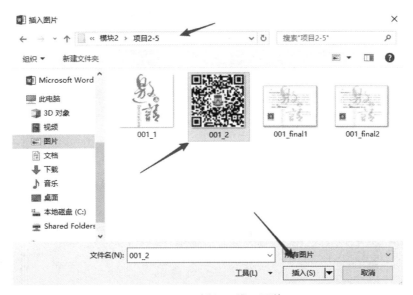

图 2－102　插入二维码图片

步骤 2：设置图片的文字环绕方式。图片插入文档中后会被自动选择，其右侧上方会出现文字环绕方式设置按钮，单击此按钮，从中选择"浮于文字上方"选项，如图 2－103 所示。

图 2－103　设置图片的文字环绕方式

步骤 3：设置图片大小。切换至"图片工具|格式"工具选项卡，在"大小"功能组中设置"高度"为"3 厘米"。由于二维码图片是等比例的正方形图片，默认情况下图片的大小调整是约束纵横比的，因此"宽度"也会自动变为"3 厘米"，移动二维码图片至合适位置。

步骤 4：插入文本框。切换至"插入"选项卡，单击"文本"功能组中的"文本框"按钮，在下拉列表中选择"绘制文本框"命令，如图 2－104 所示。此时鼠标变成黑色十字形的绘制状态，使用拖动鼠标绘制的方法在二维码图片的下方绘制一个文本框。

步骤 5：输入文本并设置文本格式。在文本框中输入文本"校友会官方微信"，选中文本，切换至"开始"选项卡，在"字体"功能组中设置"字体"为"楷体"，"字号"为"小四"，"字形"为"加粗"。

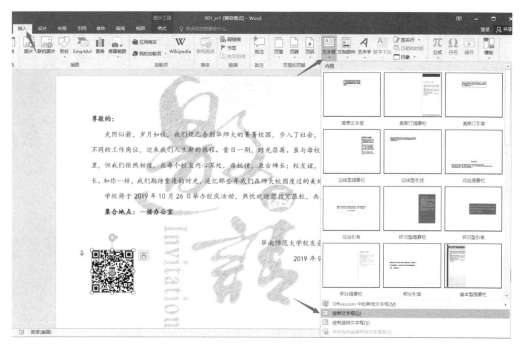

图 2-104 插入文本框

步骤 6：设置文本框轮廓。切换至"绘图工具|格式"工具选项卡，在"形状样式"功能组中单击"形状轮廓"按钮，从下拉列表中选择"无轮廓"，将文本框的黑色轮廓去掉，如图 2-105 所示。

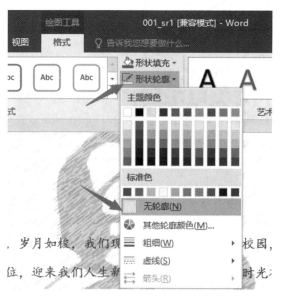

图 2-105 设置文本框轮廓

步骤 7：组合图片及文本框。调整好二维码图片和文本框的位置后，按住[Shift]键分别单击二维码图片和文本框可同时选中这两个对象，切换至"图片工具|格式"工具选项卡（"绘图工具|格式"工具选项卡也可以），单击"排列"功能组中的"组合"按钮，从下拉列表中选择"组合"命令，将两者组成一个对象，如图 2-106 所示。

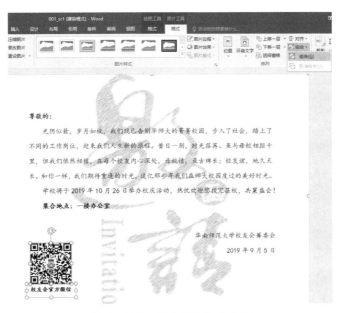

图 2-106　组合图片及文本框

3. 启动邮件合并

步骤 1：启动邮件合并。切换至"邮件"选项卡，单击"开始邮件合并"功能组中的"开始邮件合并"按钮，从下拉列表中选择"信函"命令，启动邮件合并操作，如图 2-107 所示。

图 2-107　启动邮件合并

步骤 2：选择收件人。单击"开始邮件合并"功能组中的"选择收件人"按钮，从下拉列表中选择"使用现有列表"命令，如图 2-108 所示。

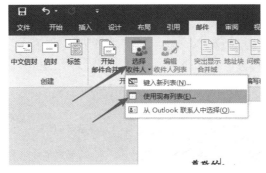

图 2-108　选择收件人

步骤3:选择数据源。在弹出的"选择数据源"对话框中,找到本项目的素材文件夹,选择工作簿"001_sr2.xlsx",单击"打开"按钮打开数据源,如图2-109所示。接着在弹出的"选择表格"对话框中不做修改直接单击"确定"按钮,选择所有的数据作为数据源,完成数据源的选择。

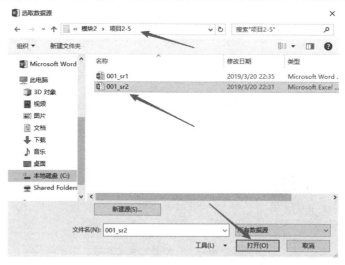

图2-109　选择数据源

4. 插入合并域

在邮件合并中,最重要的操作是插入合并域,将数据源连接到文档后,添加合并域即可通过此数据源中的信息个性化设置文档。合并域来自此数据源中的列标题,在本项目中,数据源(工作簿"001_sr2.xlsx")中的数据有三个列标题:姓名、性别和学院,下面将确定合并域在文档中的位置,并将它们插入文档。

步骤1:插入"姓名"合并域。单击文本"尊敬的"后面,使光标位于"的"和":"之间。然后单击"邮件"选项卡下"编写和插入域"功能组中的"插入合并域"按钮,从下拉列表中选择"姓名"合并域,如图2-110所示,此时该合并域将被插入光标所在处。

步骤2:插入"性别"合并域。此时光标位于"姓名"合并域之后,保持光标位置不变,再次单击"插入合并域"按钮,从下拉列表中选择"性别"合并域,如图2-111所示,此时该合并域将被插入"姓名"合并域之后。

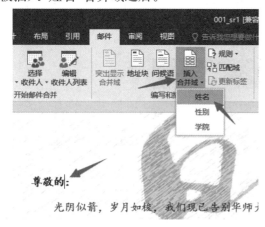

图2-110　插入"姓名"合并域

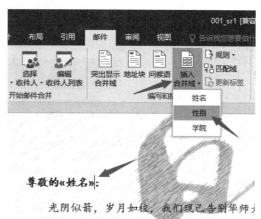

图2-111　插入"性别"合并域

步骤3:插入"学院"合并域。单击文本"集合地点:"后面,使光标置于此处,再次单击"插入合并域"按钮,从下拉列表中选择"学院"合并域,如图2-112所示,此时该合并域将被插入光标所在处。

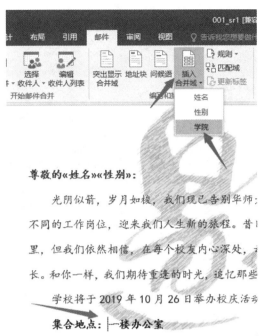

图2-112　插入"学院"合并域

步骤4:保存主文档。此时主文档已经完成了所有的编辑工作,单击快速访问工具栏中的"保存"按钮,对主文档进行存盘操作。

5. 批量生成邀请函

主文档完成邮件合并编辑之后,就可以批量地生成信函或直接批量地打印信函了。下面将批量生成的信函保存在一个统一的文件中,以便将来批量打印或分发。

步骤1:选择全部记录。切换至"邮件"选项卡,单击"完成"功能组中的"完成并合并"按钮,从下拉列表中选择"编辑单个文档"命令。在弹出的"合并到新文档"对话框中,保持默认值("全部"),单击"确定"按钮完成记录的选择,将所有记录都生成信函,如图2-113所示。

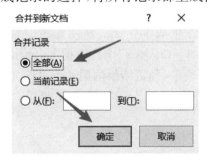

图2-113　选择全部记录

步骤 2：生成合并文档。此时，Word 将会结合主文档和数据源生成合并文档，每条数据源的记录都会对应一个信函。生成合并文档后，Word 会自动切换至合并文档的工作界面，如图 2-114 所示。拖动滚动条，可以看到每条记录生成的一页一页的信函。

图 2-114 生成合并文档

步骤 3：保存合并文档。单击快速访问工具栏中的"保存"按钮对生成的合并文档进行存盘，命名为"001.docx"。

以上，完成了应用邮件合并批量生成邀请函的所有操作。

实 训 拓 展

（1）2018 省运会组委会给各类工作人员制发工作证，以方便他们在比赛场地表明身份，要求必须使用邮件合并的方式快速生成工作证。使用提供的素材包中的"拓展 2-5-1"，以"001_sr1.docx"作为主文档、"001_sr2.docx"作为数据源，利用图片素材"001.jpg"进行排版，参照插入域的效果如图 2-115 所示，预览结果的第一个页面如图 2-116 所示。编辑完成后，保存已编辑插入域的主文档"001_sr1.docx"，并将完成后合并全部记录的新文档保存为"001.docx"。

相关操作提示：

页面高 17 厘米、宽 14 厘米。正文华文新魏、小二号。艺术字衬于文字下方。合并记录后参照效果图设置页面背景。

图 2-115 插入域的效果

图 2-116 预览结果第一个页面的效果

（2）学校要给毕业生下发就业报到证，要求必须使用邮件合并的方式快速生成所有的报到证。使用提供的素材包中的"拓展 2-5-2"，以"002_sr1.docx"作为主文档、"002_sr2.xlsx"作为数据源进行排版，参照插入域的效果如图 2-117 所示，预览结果的第一个页面如图 2-118 所示。编辑完成后，保存已编辑插入域的主文档"002_sr1.docx"，并将完成后合并所有记录的新文档保存为"002.docx"。

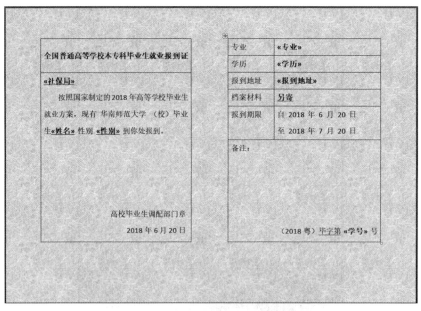

图 2-117　插入域的效果

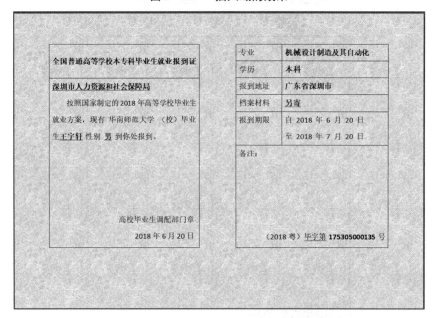

图 2-118　预览结果第一个页面的效果

相关操作提示：

页面 16 开横向，上、下、左、右页边距均为 2 厘米。栏间距 5 字符。

模块3 电子表格 Excel 2016

† 实训项目1 设计再生资源统计表 †

实训目的

(1) 掌握工作表相关操作。
(2) 掌握工作表行列相关操作。
(3) 掌握单元格格式设置操作。
(4) 掌握单元格数字格式设置操作。
(5) 掌握批注的相关操作。
(6) 掌握快速应用公式的相关操作。

实训任务

现有关于2015年中国进口固体废物获得再生资源统计的工作表"洋垃圾",需编辑美化该表并完成简单计算。打开素材包中"项目3-1"的工作簿"001_sr.xlsx",按要求进行编辑,参照效果如图3-1所示。

图3-1 再生资源统计表的效果

相关操作要求:

(1) 在"洋垃圾"工作表的第1行前插入一行,A1单元格内输入文字"2015年中国进口固体废物获得再生资源统计",黑体、16磅、加粗,设置A1到G1单元格合并后居中。

(2) 在A3单元格中输入文本"进口001",并使用填充序列的方法填充A4:A7单元格区域。

(3) 设置 A2:G8 单元格区域文字黑体、12 磅,表格的列标题文字加粗;A2:G8 单元格区域文字水平、垂直均居中;G3:G7 单元格区域数据以百分比格式显示,保留一位小数。

(4) 设置第 1 行行高为 30 磅,其他行高和列宽自动调整。

(5) A2:G7 单元格区域外框红色粗实线,内框蓝色细单实线,表格列标题填充橙色底纹,B8:E8 单元格区域填充绿色底纹。

(6) 为 G4 单元格添加批注,批注的内容为"进口量比例最高",调整批注大小位置,并设置显示批注。

(7) 在 C8 和 E8 单元格中,用 SUM 函数分别求"合计1"和"合计2"(必须使用公式计算)。

(8) 复制工作表"洋垃圾"并重命名为"2015 年",工作表标签颜色为橙色。

实训过程

1. 插入并设置标题行

步骤 1:插入标题行。打开相关素材工作簿"001_sr.xlsx",右击第 1 行行标签,在弹出的快捷菜单中选择"插入"命令,如图 3-2 所示,此时将在第 1 行的前面插入新的空行。

图 3-2 插入标题行

步骤 2:输入文本并设置字体格式。单击 A1 单元格,在单元格中输入标题文本"2015 年中国进口固体废物获得再生资源统计"。再次选中 A1 单元格,切换至"开始"选项卡,在"字体"功能组中设置"字体"为"黑体","字号"为"16","字形"为"加粗",如图 3-3 所示。

图 3-3 输入文本并设置字体格式

步骤 3:标题行合并后居中。选择 A1 到 G1 单元格,在“开始”选项卡下“对齐方式”功能组中单击“合并后居中”按钮,即可将 A1 到 G1 单元格合并,标题行文本水平居中对齐。

2. 应用填充序列方法生成列表

当选择单元格或单元格区域时,选择区域会被一个加粗的黑框标示出来,其右下角缺口是一个黑色实心小矩形,鼠标指针置于其上方时会变成黑色十字形,这就是填充柄。

步骤 1:输入列表第 1 项。单击 A3 单元格,输入文本“进口 001”。

步骤 2:应用填充柄填充文本序列。把鼠标指针放在 A3 单元格右下角的黑色实心小矩形上,鼠标指针变成黑色十字形(填充柄)时,单击并拖动到 A7 单元格,即可在 A3:A7 单元格区域完成文本序列的填充,如图 3-4 所示。

	A	B	C	D	E	F	G	H
1	2015年中国进口固体废物获得再生资源统计							
2	序号	垃圾类别	质量(万吨	节约	质量(万吨	固体废物	进口量占全球比例	
3	进口001	再生纸	2335	原木	2102	废纸	0.515	
4	进口002	再生塑料	749	石油	1498	废塑料	0.573	
5	进口003	钢铁	482	铁矿石	820	废钢	0.223	
6	进口004	再生铝	166	铝土矿	789	有色金属废	0.310	
7	进口005	再生铜	167	铜精矿	833	电子废料	0.283	
8		合计1		合计2				

图 3-4　应用填充柄填充文本序列

3. 定义单元格格式

步骤 1:设置字体格式。选择 A2:G8 单元格区域,切换至“开始”选项卡,在“字体”功能组中设置“字体”为“黑体”,“字号”为“12”,如图 3-5(a)所示。选择 A2:G2 单元格区域,在“字体”功能组中设置“字形”为“加粗”,如图 3-5(b)所示。

	A	B	C	D	E	F	G	H
1	2015年中国进口固体废物获得再生资源统计							
2	序号	垃圾类别	质量(万	节约	质量(万	固体废物	进口量占全球比例	
3	进口001	再生纸	2335	原木	2102	废纸	0.515	
4	进口002	再生塑料	749	石油	1498	废塑料	0.573	
5	进口003	钢铁	482	铁矿石	820	废钢	0.223	
6	进口004	再生铝	166	铝土矿	789	有色金属	0.310	
7	进口005	再生铜	167	铜精矿	833	电子废料	0.283	
8		合计1		合计2				

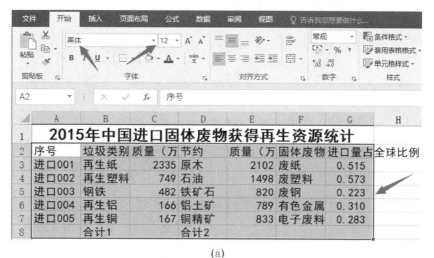

(a)

图 3-5　设置字体格式

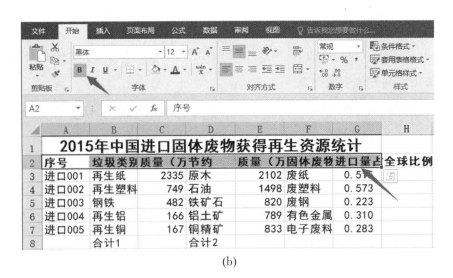

(b)

图 3-5　设置字体格式(续)

步骤 2：设置单元格对齐方式。选择 A2:G8 单元格区域，在"开始"选项卡下"对齐方式"功能组中设置单元格的"垂直对齐方式"为"垂直居中"，"水平对齐方式"为"居中"，如图 3-6 所示，使所选单元格区域中的内容在单元格中水平和垂直方向都居中对齐。

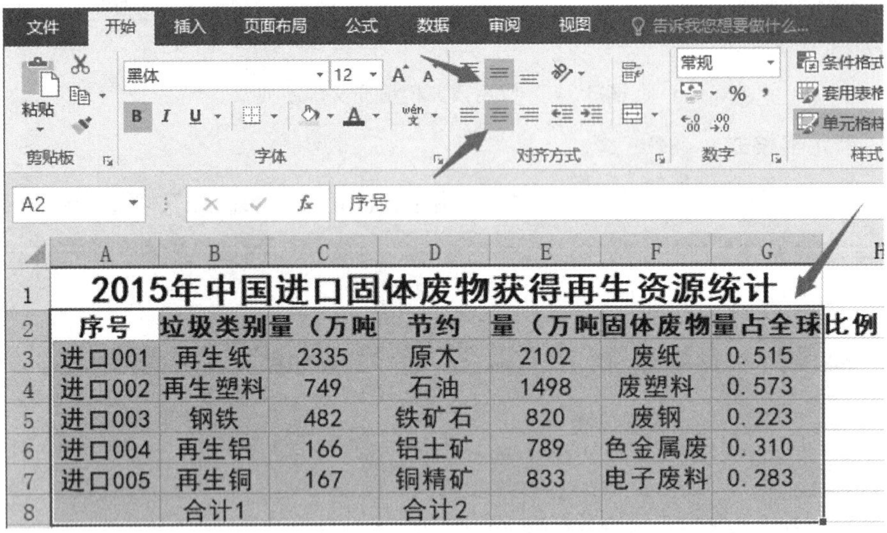

图 3-6　设置单元格对齐方式

步骤 3：设置单元格数字格式。选择 G3:G7 单元格区域，切换至"开始"选项卡，单击"数字"功能组中的"数字格式"下拉按钮，从下拉列表中选择"其他数字格式"选项。在弹出的"设置单元格格式"对话框中，"分类"选择"百分比"，"小数位数"设置为"1"，如图 3-7 所示。最后单击"确定"按钮完成设置。

模块3 电子表格 Excel 2016

图 3-7 设置单元格数字格式

4. 设置行高和列宽

当单元格的宽度不能正确显示单元格内容时，单元格部分内容将被隐藏或以全部"♯"号的方式显示。调整单元格的行高和列宽，可以指定为具体的数值，也可以设置为自动调整（有时也称为最小行高和最小列宽）。

步骤1：设置指定行高。单击行号1选择标题行，切换至"开始"选项卡，单击"单元格"功能组中的"格式"按钮，从下拉列表中选择"行高"命令，如图3-8(a)所示。在弹出的"行高"对话框中输入"30"，如图3-8(b)所示。最后单击"确定"按钮完成标题行行高设置。

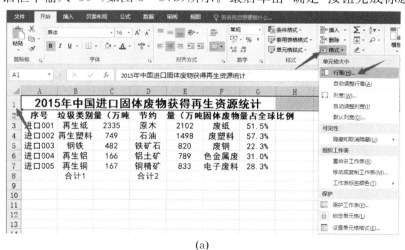

(a)

(b)

图 3-8 设置指定行高

步骤2:设置自动调整行高和列宽。选择A2:G8单元格区域,单击"单元格"功能组中的"格式"按钮,从下拉列表中分别选择"自动调整行高"命令和"自动调整列宽"命令,则所选区域的行高和列宽将会自动调整为适配内容的最小高度和最小宽度。

5. 设置边框和底纹

为了使表格区域的视觉效果更加美观,经常需要定义其边框和底纹,或者套用表格样式。通过"开始"选项卡下"字体"功能组中的相关按钮,可以完成简单的单元格区域边框或底纹的设置。如果需要定义更加复杂的外观,就需要打开"设置单元格格式"对话框,在相应的选项卡中进行详细的设置。

步骤1:设置边框样式。选择A2:G7单元格区域,单击"开始"选项卡下"字体"功能组右下角扩展按钮,打开"设置单元格格式"对话框,选择"边框"选项卡。设置线条"样式"为"粗实线","颜色"为"红色",然后单击"预置"区的"外边框"按钮,如图3-9(a)所示,此时将定义外框为红色粗实线。再次设置线条"样式"为"细单实线","颜色"为"蓝色",然后单击"内部"按钮,如图3-9(b)所示,此时将定义内框为蓝色细单实线。最后单击"确定"按钮完成边框的设置,返回Excel工作界面可以看到选择的单元格区域已经应用上刚才设置的边框样式。

(a)

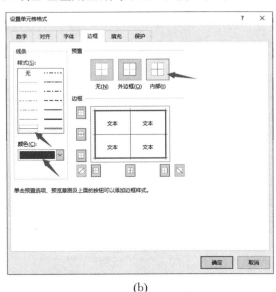
(b)

图3-9　设置边框样式

步骤2:设置数据标题底纹。选择A2:G2单元格区域,切换至"开始"选项卡,单击"字体"功能组中的"填充颜色"下拉按钮,从下拉列表中选择"橙色",如图3-10所示,设置数据标题底纹为橙色。选择B8:E8单元格区域,用同样的方法设置其填充底纹为绿色。

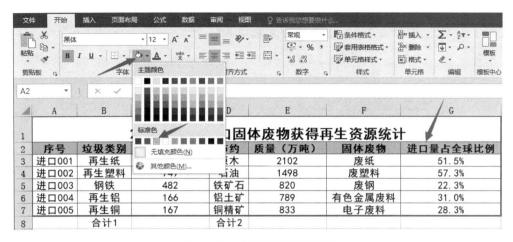

图 3-10 设置数据标题底纹

6. 添加和设置批注

在电子表格文档中经常需要为单元格添加备注的信息，这就是批注的应用。默认情况下批注添加后，Excel 会自动隐藏批注内容，只在单元格右上角显示一个红色的小三角形，需要单击才显示批注内容。如果需要批注内容一直显示不自动隐藏，则必须进行设置。

步骤 1：添加批注。单击选择 G4 单元格，切换至"审阅"选项卡，单击"批注"功能组中的"新建批注"按钮，此时 G4 单元格旁边会出现批注编辑框。单击编辑框并在其中输入批注内容"进口量比例最高"，编辑完成后还可以通过编辑框周围的边框和 8 个调节柄调整其位置和大小，如图 3-11 所示。

步骤 2：设置批注一直显示。单击"批注"功能组中的"显示所有批注"按钮，让批注内容一直在编辑窗口显示不自动隐藏，如图 3-12 所示。

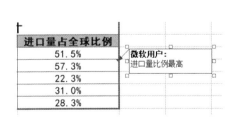

图 3-11 添加批注

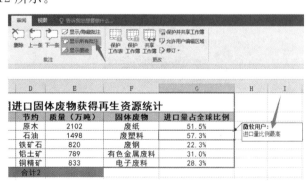

图 3-12 设置批注一直显示

7. 应用公式求和

对单元格区域求和可以直接输入相应的公式求解，也可以使用快速求和方法直接求解。

选择 C3:C8 单元格区域，切换至"开始"选项卡，单击"编辑"功能组中的"自动求和"按钮，从下拉列表中选择"求和"命令，即可计算 C3:C7 单元格区域的和并将结果填入 C8 单元格，如图 3-13 所示。选择 E3:E8 单元格区域，用同样的方法求和将其结果填入 E8 单元格。

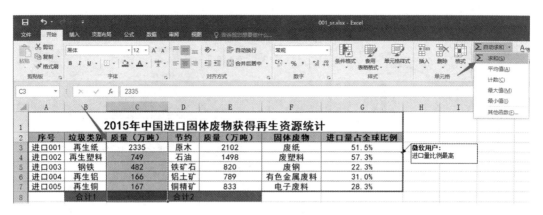

图 3-13 应用公式快速求和

8. 复制工作表

工作表的常用操作有插入新工作表、复制和剪切工作表、删除工作表、重命名工作表和设置工作表标签颜色等。

步骤1:复制工作表。右击工作表标签"洋垃圾",在弹出的快捷菜单中选择"移动或复制"命令,如图3-14(a)所示。在弹出的"移动或复制工作表"对话框中,"下列选定工作表之前"选择"(移到最后)",勾选下方的"建立副本"复选框,如图3-14(b)所示。最后单击"确定"按钮完成工作表的复制操作。

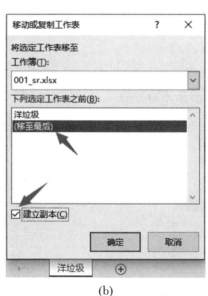

图 3-14 复制工作表

步骤2:重命名工作表。复制得到的工作表自动命名为"洋垃圾(2)",双击该工作表标签会变成重命名状态,重新输入新的工作表名字"2015年",最后按[Enter]键完成操作。

步骤3:设置工作表标签颜色。右击工作表标签"2015年",在弹出的快捷菜单中选择"工作表标签颜色"选项,从二级颜色列表中选择"橙色",即可完成该工作表标签颜色的设置,如

图3-15所示。

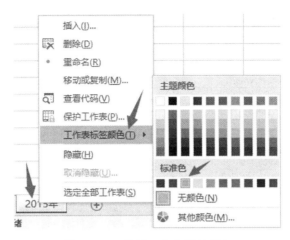

图3-15 设置工作表标签颜色

以上,完成了再生资源统计表的设计与编辑。

实训拓展

完成对账单的制作。打开素材包中"拓展3-1-1"的工作簿"001_sr.xlsx",按要求进行编辑,参照效果如图3-16和图3-17所示。

图3-16 对账单的制作效果

	A	B	C	D	E	F	G	H	I	J
1	对账单编号	客户ID	业务日期	货物编号	经办人	单价	数量	金额	回款金额	欠款金额
2	2020-001	A001	2020/1/5	TWMB0920	邱林根	13	1	13	13	0
3	2020-002	A001	2020/1/11	KMEC0788	王辉	98	4	392	356	36
4	2020-003	A001	2020/1/18	SWZD0089	陈建平	93	8	744	650	94
5	2020-004	B002	2020/1/8	UYAE0794	李斌	96	8	768	768	0
6	2020-005	B002	2020/1/14	VLPG0069	胡炳根	95	6	570	513	57
7	2020-006	B002	2020/1/18	HLRR0961	张岩	23	6	138	118	20
8	2020-007	B002	2020/1/26	VRQK0707	茶米	59	8	472	472	0
9	2020-008	C003	2020/1/2	YUHR0821	陈伟	13	5	65	65	0
10	2020-009	C003	2020/1/9	HURU0160	魏瑞	70	3	210	187	23
11	2020-010	D004	2020/1/10	UCBY0457	高菲菲	76	6	456	456	0
12	2020-011	D004	2020/1/17	FNBG0425	白君军	24	10	240	100	140
13	2020-012	D004	2020/1/26	TMMG0886	新笛膜	64	8	512	445	67
14	2020-013	D004	2020/2/1	CVZS0810	胡炳根	32	4	128	126	2
15	2020-014	D004	2020/2/6	RKUO0214	陈建平	87	4	348	299	49
16	2020-015	E005	2020/2/3	XMLD0719	张岩	25	9	225	225	0
17	2020-016	E005	2020/2/11	CUMX0379	陈建平	37	6	222	206	16
18	2020-017	E005	2020/2/13	RFWM0038	张岩	57	5	285	285	0

图 3-17 对账清单的编辑效果

相关操作要求：

① 在"对账单"工作表中将 A1 到 F1 单元格合并后居中，文字 28 磅、加粗、添加会计用双下划线、白色、填充深蓝色底纹。

② 设置 A10：F16 单元格区域套用表格格式"表样式中等深浅 16"，表包含标题，取消筛选。

③ 为 E3 单元格设置下拉选项，数据来源为同一工作簿中的"对账清单"工作表中 A2：A18（"对账单编号"自定义区域）单元格区域。

④ 在"对账单"工作表中设置第 1 行行高为 60 磅；设置 B 至 F 列自动调整列宽；第 9 行和第 17 行的行高为 40 磅，文本自动换行。

⑤ 取消网格线，设置"页面布局"工作簿视图。

⑥ 在"对账清单"工作表中，将 D2：D18 单元格区域中"货物"二字删除（提示：必须使用替换功能，否则不得分）。

⑦ 使用公式计算"金额"列及"欠款金额"列数值（提示：金额＝单价×数量；欠款金额＝金额－回款金额）。

实训项目 2　手机浏览器用户情况调查与分析

实训目的

（1）掌握排序操作。

（2）掌握数据验证设置操作。

（3）掌握条件格式设置操作。

(4) 掌握自动筛选操作。

(5) 掌握图表的创建及设置操作。

(6) 掌握常用公式及 SUMIF 函数和 IF 函数的使用。

实训任务

现有工作表“使用比例”和“用户规模”(表中数据为 2014 年的数据),需按要求完成排序、数据有效性设置、条件格式设置、自动筛选、计算增长率,并按要求插入图表。打开素材包中“项目 3-2”的工作簿“001_sr. xlsx”,按要求进行编辑,参照效果如图 3-18 和图 3-19 所示。

中国智能手机浏览器用户使用情况调查表

浏览器名称	公司	公司注册地	公司类型	使用比例
UC浏览器	新浪公司	中国	上市公司	50.2%
360浏览器	360公司	中国	上市公司	36.2%
QQ浏览器	腾讯公司	中国	上市公司	25.1%
搜狗浏览器	搜狗公司	中国	公司	14.7%
中国公司所占比例:		142.0%		

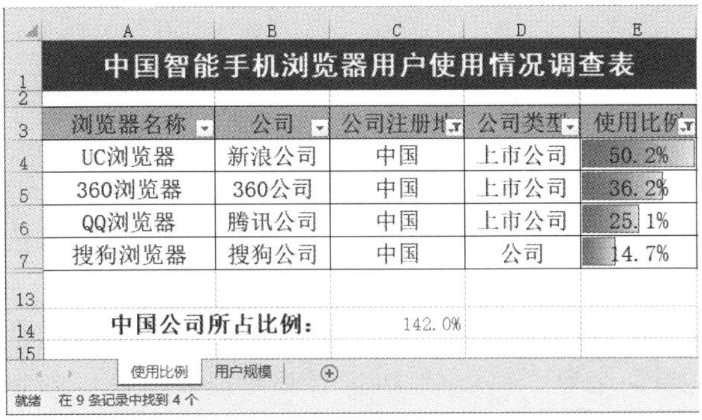

图 3-18 手机浏览器使用比例统计效果

中国智能手机浏览器用户规模

序号	季度	用户规模人数(亿)	增长率	增长速度
1	2019年第四季度	5.56	无	无
2	2020年第一季度	5.72	2.9%	快速增长
3	2020年第二季度	5.85	2.3%	快速增长
4	2020年第三季度	5.97	2.1%	快速增长
5	2020年第四季度	6.08	1.8%	缓慢增长
6	2021年第一季度	6.24	2.6%	快速增长

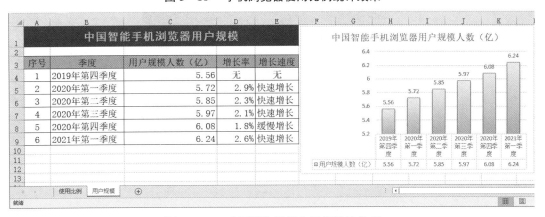

图 3-19 手机浏览器用户规模统计效果

相关操作要求:

(1) “使用比例”工作表。

① 对“使用比例”工作表的数据区域排序,按使用比例降序排序,如果使用比例相同,则按浏览器名称升序排序。

② 为 D4:D12 单元格区域设置数据验证,验证条件为允许“序列”,文本序列为“公司联合”“上市公司”和“公司”。

③ 为 E4:E12 单元格区域设置数据条件格式,样式为“浅蓝色数据条”。

④ 在 C14 单元格计算出中国公司所占用的总比例(提示:使用 SUMIF 函数)。

⑤ 应用自动筛选,从数据区域中筛选出公司注册地为中国,使用比例高于或等于 10%的数据。

(2)"用户规模"工作表。

① 在"用户规模"工作表的 D5:D9 单元格区域中计算增长率(提示:增长率=(当前季度用户规模人数一上一季度用户规模人数)/上一季度用户规模人数)。

② 在 E5:E9 单元格区域中给出每个季度的增长速度评价,如果增长率高于或等于 2%,则增长速度评价为"快速增长";如果增长率低于 2%,则增长速度评价为"缓慢增长"(提示:使用 IF 函数)。

③ 插入簇状柱形图,图表布局 5、图表样式 6,删除纵坐标轴标题,设置数据标签外,图表标题为"中国智能手机浏览器用户规模人数(亿)",适当调整图表大小和位置。

实训过程

1. 数据排序

数据排序是 Excel 中使用最为频繁的一个操作,对于单关键字的排序可直接使用快速排序来完成,多关键字的排序需要打开"排序"对话框进行设置,即使无法按拼音或笔画顺序排序,也可进行自定义序列排序。

步骤 1:启动排序。打开相关素材工作簿"001_sr.xlsx",选择"使用比例"工作表,在需要排序的数据区域单击任意一个单元格(也可以选择整个需要排序的数据区域),切换至"数据"选项卡,单击"排序和筛选"功能组中的"排序"按钮,如图 3-20 所示。

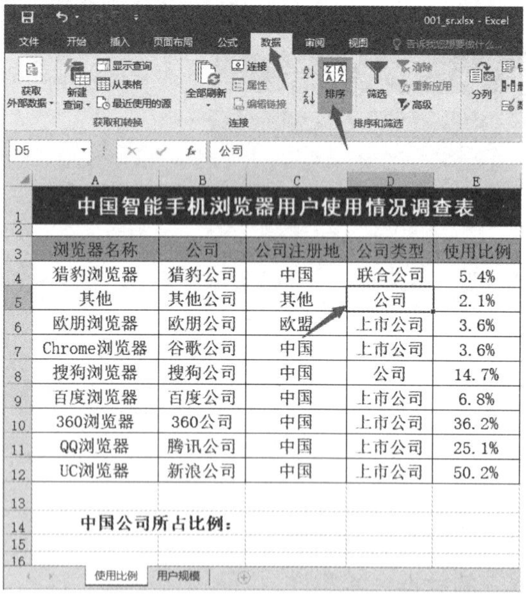

图 3-20 启动排序

步骤 2:设置排序参数。此时打开"排序"对话框,默认情况下排序参数只有一个主要关键字设置项。勾选"数据包含标题"复选框,"主要关键字"选择"使用比例",对应的"次序"选择"降序";单击"添加条件"按钮,参数中将会增加一列次要关键字的设置,"次要关键字"选择"浏览器名称",其他默认即可,如图 3-21 所示。

完成设置后单击"确定"按钮返回 Excel 编辑窗口,数据区域中的数据已经按照设置的参数排序。

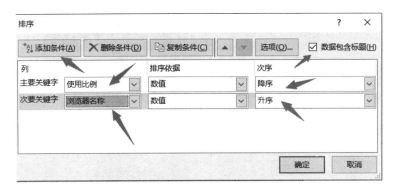

图 3-21 设置排序参数

2. 数据验证

数据验证,在旧版本的 Excel 中叫作数据有效性,用于验证用户输入的数据是否在有效范围内或者提供下拉列表让用户选择列表项快速输入数据。

步骤 1:启动数据验证。选择 D4:D12 单元格区域,切换至"数据"选项卡,在"数据工具"功能组中单击"数据验证"下拉按钮,从下拉菜单中选择"数据验证"命令,如图 3-22 所示。

步骤 2:设置数据验证参数。此时弹出"数据验证"对话框,选择"设置"选项卡,在"允许"列表中选择"序列",然后在"来源"文本框中输入"联合公司,上市公司,公司"(注意三个小项用英文逗号分隔,不能使用中文逗号),如图 3-23 所示。最后单击"确定"完成设置。

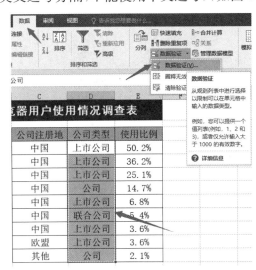

图 3-22 启动数据验证

图 3-23 设置数据验证参数

返回 Excel 工作界面,单击 D4:D12 单元格区域中的任意一个单元格,其右方会提供下拉按钮,单击下拉按钮可从下拉列表中选择数据,如图 3-24 所示。

	A	B	C	D	E
1	中国智能手机浏览器用户使用情况调查表				
2					
3	浏览器名称	公司	公司注册地	公司类型	使用比例
4	UC浏览器	新浪公司	中国	上市公司	50.2%
5	360浏览器	360公司	中国	上市公司	36.2%
6	QQ浏览器	腾讯公司	中国	上市公司	25.1%
7	搜狗浏览器	搜狗公司	中国	联合公司	14.7%
8	百度浏览器	百度公司	中国	上市公司	6.8%
9	猎豹浏览器	猎豹公司	中国	联合公司	5.4%
10	Chrome浏览器	谷歌公司	中国	上市公司	3.6%
11	欧朋浏览器	欧朋公司	欧盟	上市公司	3.6%
12	其他	其他公司	其他	公司	2.1%
13					
14	中国公司所占比例:				

图 3-24 数据验证的序列效果

3. 条件格式

条件格式顾名思义就是按照一定的条件来呈现数据的外观。条件格式可以自己定义复杂的规则，也可以套用 Excel 内置的样式来呈现数据外观。

选择 E4:E12 单元格区域，切换至"开始"选项卡，单击"样式"功能组中的"条件格式"按钮，从下拉列表中选择"数据条"，在二级列表中选择"渐变填充"栏中的"浅蓝色数据条"选项。此时所选数据区域中的数据就会以不同的外观来呈现，如图 3-25 所示。

图 3-25 应用条件格式内置样式

4. SUMIF 条件求和函数的应用

SUMIF 函数是使用广泛的条件求和函数，主要用于计算给定区域内满足特定条件的单元格的和。

步骤1：选择 SUMIF 函数。单击 C14 单元格，切换至"公式"选项卡，单击"函数库"功能组中的"数学和三角函数"按钮，从下拉列表中单击"SUMIF"函数选项，如图 3-26 所示。

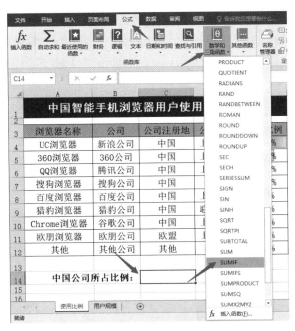

图 3-26　选择 SUMIF 函数

步骤 2：设置 SUMIF 函数参数。此时弹出"函数参数"对话框，在"Range"参数框中输入"C4:C12"（建议用鼠标在 Excel 编辑窗口中框选此区域完成输入），在"Criteria"参数框中输入"中国"，在"Sum_range"参数框中输入"E4:E12"（建议用鼠标框选），如图 3-27 所示。最后，单击"确定"按钮完成函数参数设置。

图 3-27　设置 SUMIF 函数参数

返回 Excel 工作界面，可以看到 C14 单元格中已经直接显示计算结果（结果大于 100% 是因为一部手机可能安装多个浏览器）。

5. 自动筛选

筛选是数据处理中常用的操作，又分为自动筛选和高级筛选两种筛选操作。其中，自动筛选筛选出来的结果将在原来的数据区域中显示。

步骤 1：启动自动筛选。在需要筛选的数据区域中单击任意一个单元格（也可以选择整个需要筛选的数据区域），切换至"数据"选项卡，单击"排序和筛选"功能组中的"筛选"按钮，如图 3-28 所示。

步骤2:设置自动筛选条件参数1。此时数据区域已经变成自动筛选状态(数据列标题每个字段右侧都有一个三角形的筛选按钮)。筛选往往有多个条件参数,需要逐一设置定义。单击标题字段"公司注册地"右侧的筛选按钮,在下拉列表中只保留"中国"勾选状态(条件为公司注册地为中国),如图3-29所示。

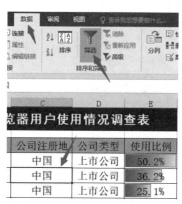

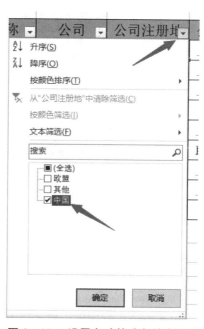

图3-28 启动自动筛选　　　　　　　　图3-29 设置自动筛选条件参数1

步骤3:设置自动筛选条件参数2。单击标题字段"使用比例"右侧的筛选按钮,在下拉列表中选择"数字筛选",从二级列表中选择"大于或等于"选项,如图3-30(a)所示。此时弹出"自定义自动筛选方式"对话框,在"大于或等于"右侧的文本框中输入"10%"(或"0.1"),如图3-30(b)所示。最后单击"确定"按钮完成自动筛选条件参数的设置。

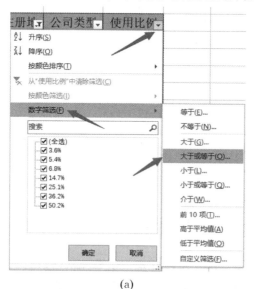

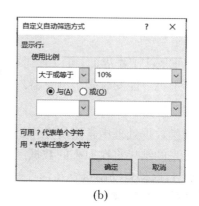

(a)　　　　　　　　　　　　　　　(b)

图3-30 设置自动筛选条件参数2

返回 Excel 工作界面,此时在原数据区域只显示满足筛选条件的数据,不满足条件的数据被隐藏。

6. 计算增长率

应用最基本的加、减、乘、除和括号等四则运算符号构造公式来求解增长率。

步骤1:在编辑框中输入公式。单击"用户规模"标签,切换至"用户规模"工作表。选择 D5 单元格,然后在编辑框中输入公式"=(C5−C4)/C4"(建议对单元格的引用直接单击相应单元格完成输入),如图3-31所示,输入公式后按[Enter]键完成输入并计算结果。

步骤2:填充公式到其他单元格。将鼠标指针放置于 D5 单元格右下角的黑色实心小矩形上,鼠标指针变成黑色十字形(填充柄)后,单击并拖动鼠标到 D9 单元格,即可完成 D5:D9 单元格区域公式的填充,如图3-32所示。

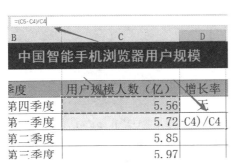

图 3-31 在编辑框中输入公式

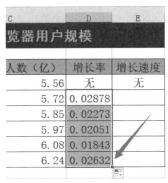

图 3-32 填充公式到其他单元格

步骤3:设置计算结果数字格式。选择 D5:D9 单元格区域,切换至"开始"选项卡,单击"数字"功能组中的"数字格式"下拉按钮,从下拉列表中选择"其他数字格式"选项,如图3-33(a)所示。在弹出的"设置单元格格式"对话框中,"分类"选择"百分比"选项,设置"小数位数"为"1",如图3-33(b)所示。最后单击"确定"按钮完成设置。

(a)

(b)

图 3-33 设置计算结果数字格式

7. IF 条件函数的应用

IF 函数是最常用函数之一,其主要用于执行真假值判断,根据逻辑测试的真假值返回不同的结果。

步骤1:选择 IF 函数。单击 E5 单元格,切换至"公式"选项卡,单击"函数库"功能组中的"逻辑"按钮,从下拉列表中单击"IF"函数选项,如图 3-34 所示。

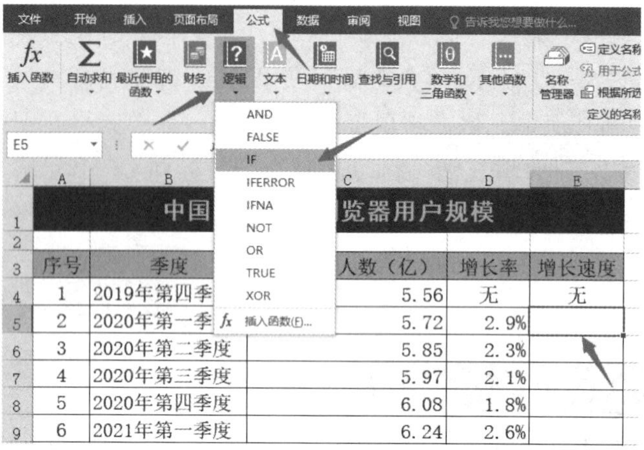

图 3-34　选择 IF 函数

步骤2:设置 IF 函数参数。此时弹出"函数参数"对话框,单击"Logical_test"参数框输入"D5>=0.02"(建议对单元格的引用直接单击相应单元格完成输入),在"Value_if_true"参数框中输入"快速增长",在"Value_if_false"参数框中输入"缓慢增长",如图 3-35 所示。最后单击"确定"按钮完成函数参数设置。

步骤3:填充公式到其他单元格。将鼠标指针放置于 E5 单元格右下角的黑色实心小矩形上,鼠标指针变成黑色十字形(填充柄)后,单击并拖动鼠标到 E9 单元格,即可完成 E5:E9 单元格区域公式的填充,如图 3-36 所示。

图 3-35　设置 IF 函数参数

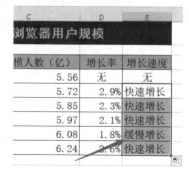

图 3-36　填充公式到其他单元格

8. 制作图表

图表可以让用户更直接地感受数据的大小与变化。图表涉及的操作很多,包括图表的创建、图表布局定义和图表外观设置等。

步骤1:创建簇状柱形图。选择 B3:C9 单元格区域,切换至"插入"选项卡,单击"图表"功能组中的"插入柱形图或条形图"按钮,在下拉列表中选择"二维柱形图"栏中的"簇状柱形图"图标按钮,如图3-37所示。

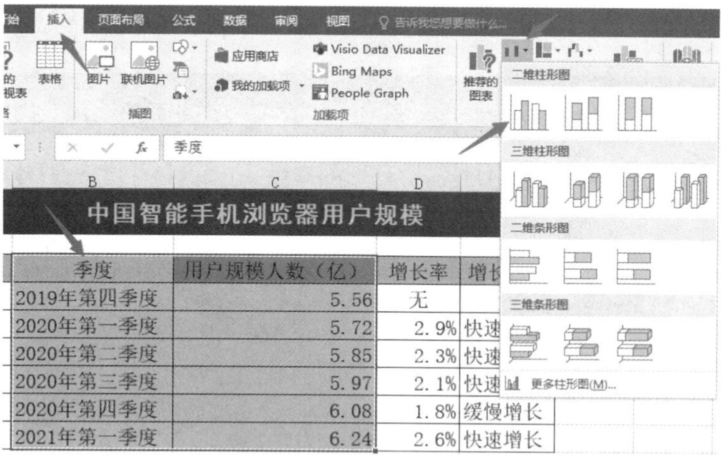

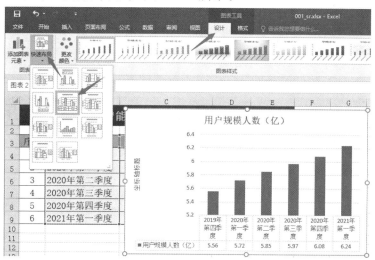

图3-37 创建簇状柱形图

步骤2:套用快速布局。此时工作表中将插入簇状柱形图表,保持图表选择状态不变,切换至"图表工具|设计"工具选择卡,单击"图表布局"功能组中的"快速布局"按钮,在下拉列表中选择"布局5",让图表套用该布局,如图3-38所示。

图3-38 套用快速布局

步骤3:套用图表样式。单击"图表样式"功能组中的"图表样式"栏,从下拉列表中选择"样式6",让图表套用该样式,如图3-39所示。

图3-39 套用图表样式

步骤4：删除纵坐标轴标题。单击"图表布局"功能组中的"添加图表元素"按钮，在下拉列表中选择"轴标题"，在二级列表中单击"主要纵坐标轴"选项，即可删除纵坐标轴标题，如图3-40所示。

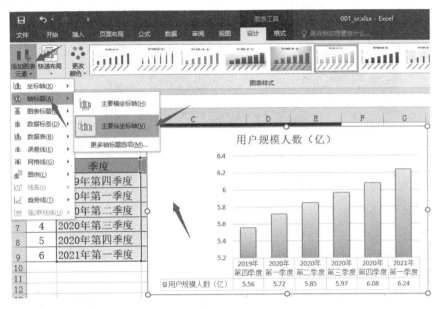

图3-40　删除纵坐标轴标题

步骤5：设置数据标签外。再次单击"添加图表元素"按钮，在下拉列表中选择"数据标签"，在二级列表中单击"数据标签外"，即可完成数据标签外的设置，如图3-41所示。

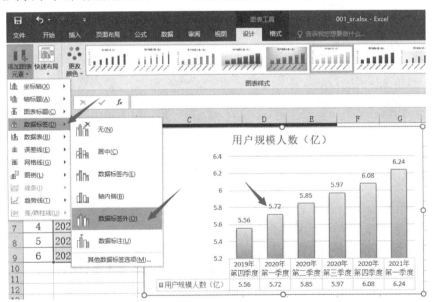

图3-41　设置数据标签外

步骤6：修改图表标题。在图表中双击图表标题进入图表标题修改状态，将图表标题文本修改为"中国智能手机浏览器用户规模人数（亿）"，如图3-42所示。

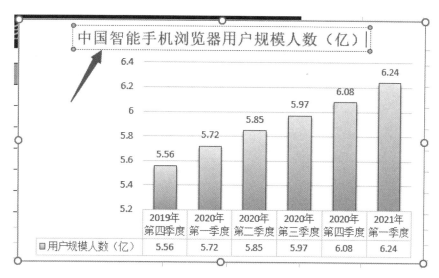

图 3-42　修改图表标题

步骤 7：调整图表大小与位置。通过图表四周的边框和 8 个调节柄，使用鼠标调整图表的大小及位置。

实训拓展

打开素材包中"拓展 3-2-1"的工作簿"001_sr.xlsx"，按要求完成数据的统计与分析，参照效果如图 3-43、图 3-44 和图 3-45 所示。

相关操作要求：

① 在"资料"工作表 H4:H29 单元格区域中计算"体脂百分比"（提示：体脂百分比＝体脂重量/(非体脂重量＋体脂重量)），设置单元格格式为百分比，保留两位小数。

② 以 A3:B29，I3:I29 单元格区域作为数据源，插入"簇状柱形图-次坐标轴上的折线图"组合图表。图表标题为"体重与 BMI 表"，调整图表大小与位置到 A31:I55 单元格区域，更改颜色为"彩色调色板 4"，套用图表样式 4。删除网格线，设置主要纵坐标轴标题为"体重"，次要纵坐标轴标题为"BMI"，横坐标轴上所有文字方向旋转 90°。

③ 将"销售表"工作表的 J1:K11 单元格区域定义名称为"基础数据表"。

④ 在 E2:E153 单元格区域利用 VLOOKUP 函数计算"单价"，在 F2:F153 单元格区域计算销售金额（提示：销售金额＝数量×单价）。

⑤ 计算每家店的销售总金额，结果放置在 N2:N6 单元格区域（提示：使用 SUMIF 函数）。

⑥ 复制 A1:H153 单元格区域到新工作表"筛选"，筛选出 1 月份及产品编号开头是"F"的数据（提示：使用"文本筛选"中的对应工具）。

⑦ 筛选结果按"销售金额"降序排序。

李陵体适能进度表

日期	体重（公斤）	胸围（厘米）	腰围（厘米）	臀围（厘米）	非体脂重量	体脂重量	体脂百分比	身体质量指数(BMI)
06/10	90.72	106.68	91.44	86.36	73.22	17.50	19.29%	26.85
06/17	90.72	106.68	91.44	86.36	73.22	17.50	19.29%	26.85
06/24	90.26	106.68	90.17	85.34	73.67	16.60	18.39%	26.72
07/01	90.26	106.68	88.90	83.82	74.61	15.65	17.34%	26.72
07/08	89.81	107.95	88.90	83.82	74.12	15.69	17.47%	26.58
07/15	89.36	107.95	88.90	83.82	73.63	15.73	17.60%	26.45
07/22	89.36	107.95	88.90	83.82	73.63	15.73	17.60%	26.45
07/29	88.90	107.95	87.63	83.82	74.08	14.82	16.67%	26.32
08/05	88.90	107.95	87.63	83.82	74.08	14.82	16.67%	26.32
08/12	88.45	107.95	87.63	83.82	73.59	14.86	16.80%	26.18
08/19	87.54	107.95	87.63	83.82	72.60	14.94	17.07%	25.91
08/26	86.64	107.95	87.63	83.82	71.63	15.01	17.32%	25.65
09/02	86.18	107.95	87.63	83.82	71.13	15.05	17.46%	25.51
09/09	86.18	109.22	87.63	83.82	71.13	15.05	17.46%	25.51
09/16	86.18	109.22	87.63	83.82	71.13	15.05	17.46%	25.51
09/23	85.73	109.22	86.36	81.28	71.59	14.14	16.49%	25.38
09/30	85.73	109.22	86.36	81.28	71.59	14.14	16.49%	25.38
10/07	86.18	109.22	86.36	83.82	72.07	14.11	16.37%	25.51
10/14	87.09	109.22	86.36	83.82	73.06	14.03	16.11%	25.78
10/21	86.64	109.22	86.36	81.28	72.57	14.07	16.24%	25.65
10/28	86.64	109.22	86.36	81.28	72.57	14.07	16.24%	25.65
11/04	87.09	109.22	86.36	83.82	73.06	14.03	16.11%	25.78
11/11	87.09	109.22	86.36	83.82	73.06	14.03	16.11%	25.78
11/18	87.54	109.22	86.36	83.82	73.54	14.00	15.99%	25.91
11/25	87.54	109.22	86.36	83.82	73.54	14.00	15.99%	25.91
12/02	87.09	109.22	86.36	83.82	73.06	14.03	16.11%	25.78

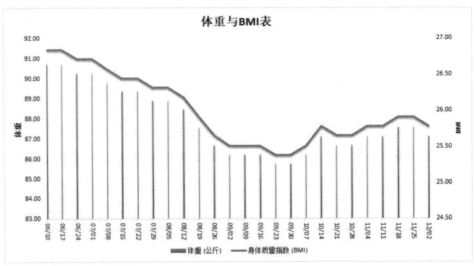

图 3-43 "资料"工作表的统计与分析效果

日期	产品编号	产品名称	数量	单价	销售金额	业务员	店名	产品名称	单价	店名	销售总金额
1月1日	ET0093	外接硬盘(2TB)	2	900	1800	罗强信	四维	25型LCD屏幕	899	四维	526063
1月1日	LI0059	大笔电(A款)	5	768	3840	林益妤	南吉	3D打印机	10500	南吉	282951
1月1日	ET0093	外接硬盘(2TB)	3	900	2700	刘智杰	四维	UPS不断电系统	990	科钰	402622
1月1日	FX0067	单色激光打印机	1	6990	6990	吴思颖	科钰	大笔电(A款)	768	阳明	301541
1月1日	ET0093	外接硬盘(2TB)	1	900	900	陈大钧	南吉	大笔电(B款)	880	新创	258814
1月1日	LI0059	大笔电(A款)	1	768	768	陈凯成	阳明	单色激光打印机	6990		
1月2日	VS0068	UPS不断电系统	5	990	4950	方明扬	新创	复合彩色激光打印机	12090		
1月2日	JR0002	大笔电(B款)	3	880	2640	李筱珐	四维	商用计算机(品牌)	6800		
1月2日	FP0006	25型LCD屏幕	4	899	3596	田凯清	科钰	外接硬盘(2TB)	900		
1月3日	ET0093	外接硬盘(2TB)	4	900	3600	田凯清	科钰	无线充电移动电源	90		
1月3日	CB0080	无线充电移动电源	2	90	180	陈杰龙	阳明				
1月3日	VS0068	UPS不断电系统	2	990	1980	周苡祥	新创				
1月3日	FP0006	25型LCD屏幕	3	899	2697	陈凯成	阳明				
1月3日	ET0093	外接硬盘(2TB)	4	900	3600	田凯清	科钰				

图 3-44 "销售表"工作表的统计与分析效果

图 3-45 "筛选"工作表的筛选效果

实训项目 3 学生成绩统计与分析

实训目的

(1) 掌握冻结窗格操作的方法与技巧。

(2) 掌握 SUM 和 AVERAGE 函数的使用方法与技巧。

(3) 掌握 RANK 排位函数的使用方法与技巧。

(4) 掌握 IF 条件函数嵌套使用的方法与技巧。

(5) 掌握 VLOOKUP 查找函数的使用方法与技巧。

(6) 掌握高级筛选操作的方法与技巧。

(7) 掌握数据透视表操作的方法与技巧。

(8) 掌握模拟运算表操作的方法与技巧。

实训任务

对"学生成绩"工作表进行计算、筛选和数据透视表等处理,在"成绩查询"工作表中完成数据查询处理,并对"还贷"工作表进行模拟运算。打开素材包中"项目 3-3"的工作簿"001_sr.xlsx",按要求进行编辑,参照效果如图 3-46、图 3-47 和图 3-48 所示,进行编辑并保存。

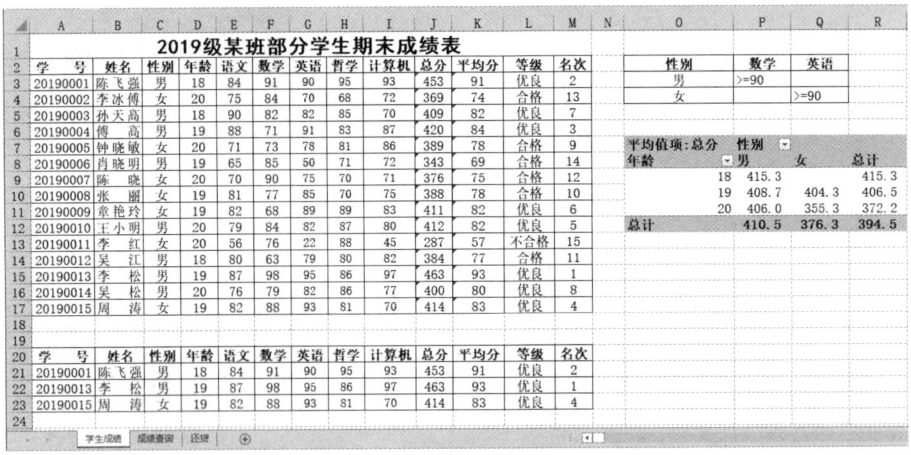

图 3-46 "学生成绩"工作表的编辑效果

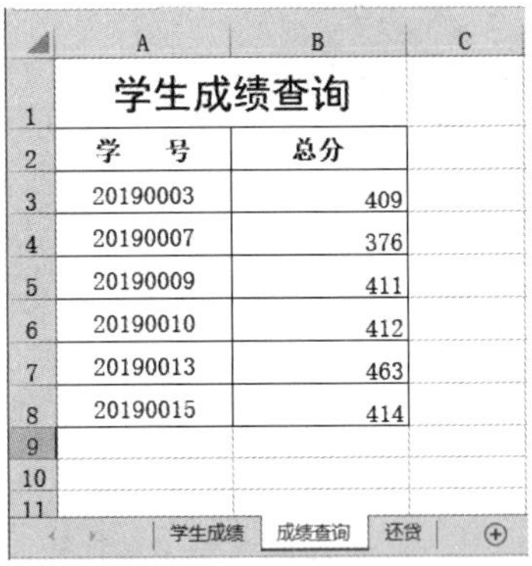

图 3-47 "成绩查询"工作表的编辑效果　　图 3-48 "还贷"工作表的编辑效果

相关操作要求：

(1) 在"学生成绩"工作表中，冻结窗格 1 行和 2 行，A 列和 B 列。

(2) 在 J3:J17 单元格区域求出学生的总分；在 K3:K17 单元格区域求出学生的平均分，结果均保留到整数位(提示：使用 SUM 和 AVERAGE 函数)。

(3) 在 L3:L17 单元格区域根据"平均分"给出学生的等级，平均分大于或等于 80 分为"优良"，60 分到 80 分之间为"合格"(包含 60 分但不包含 80 分)，60 分以下为"不合格"。

(4) 在 M3:M17 单元格区域根据"平均分"从高到低求出学生的名次(提示：使用 RANK 或 RANK.EQ 函数)。

(5) 高级筛选：筛选出男生数学成绩大于或等于 90 分或者女生英语成绩大于或等于 90 分的记录，条件区域放在 O2 为左上角区域，筛选结果放在 A20 为左上角区域。

(6) 以工作表中 A2:M17 单元格区域为数据源，在 O7 为左上角区域的单元格区域生成数据透视表，统计男女不同年龄的总分平均值(保留一位小数位数)，"性别"为列字段，"年龄"为行字段，数据透视表报表布局以大纲形式显示，样式为"数据透视表样式浅色 15"，透视表名称为"期末成绩分析表"。

(7) 在"成绩查询"工作表的 B3:B8 单元格区域使用 VLOOKUP 函数，从"学生成绩"工作

· 112 ·

表中查询出学号对应的学生总分成绩。

（8）在"还贷"工作表中，通过模拟运算表，在B13：E16单元格区域求出不同贷款金额和贷款年利率的每月还款金额，用于找出最佳还贷方案。

实训过程

1. 冻结窗格

冻结拆分窗格是一常用操作，其可以让冻结的行和列一直保持可见，而其他数据部分可以随滚动条滚动。

步骤1：冻结指定的行。打开相关素材工作簿"001_sr.xlsx"，在"学生成绩"工作表中选择第1和第2行，切换至"视图"选项卡，单击"窗口"功能组中的"冻结窗格"按钮，从下拉列表中选择"冻结拆分窗格"命令，如图3-49所示，冻结选定的第1和第2行。

步骤2：冻结指定的列。选择A和B列，再次单击"冻结窗格"按钮，从下拉列表中选择"冻结拆分窗格"命令，如图3-50所示，冻结选定的A和B列。

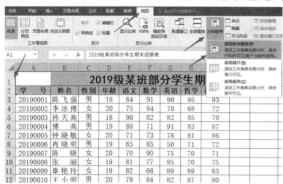

图3-49 冻结选定的行

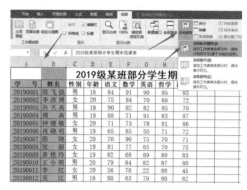

图3-50 冻结选定的列

2. SUM求和函数与AVERAGE求平均值函数的应用

步骤1：选择SUM函数。单击J3单元格，切换至"公式"选项卡，单击"函数库"功能组中的"数学与三角函数"按钮，从下拉列表中单击"SUM"函数选项，如图3-51所示。

步骤2：设置SUM函数参数。此时弹出"函数参数"对话框，在"Number1"参数框中输入"E3:I3"（建议用鼠标在Excel编辑窗口中通过框选此区域完成输入），如图3-52所示。最后单击"确定"按钮完成函数参数的设置。

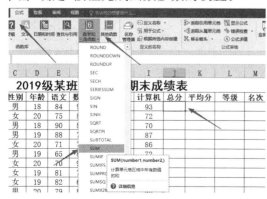

图3-51 选择SUM函数

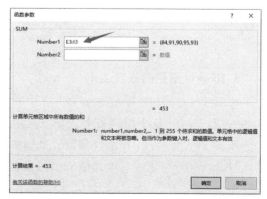

图3-52 设置SUM函数参数

步骤3:填充公式到其他单元格。将鼠标指针置于J3单元格右下角的黑色实心小矩形上,鼠标指针变成黑色十字形(填充柄)后,单击并拖动鼠标到J17单元格,即可完成公式填充,如图3-53所示。

步骤4:选择AVERAGE函数。单击K3单元格,单击"函数库"功能组中的"其他函数"按钮,从下拉列表中选择"统计"选项,在二级列表中选择"AVERAGE"函数选项,如图3-54所示。

图3-53 填充公式到其他单元格

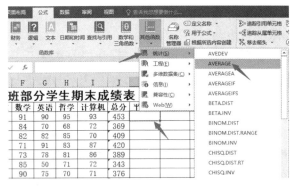

图3-54 选择AVERAGE函数

步骤5:设置AVERAGE函数参数。此时弹出"函数参数"对话框,在"Number1"参数框中输入"E3:I3"(建议用鼠标框选),如图3-55所示。最后单击"确定"按钮完成函数参数设置。

步骤6:填充公式到其他单元格。将K3单元格的公式使用填充柄方法完成K3:K17单元格区域公式的填充,如图3-56所示。

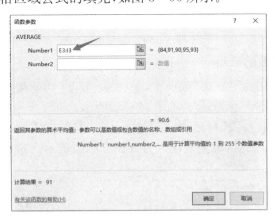

图3-55 设置AVERAGE函数参数

图3-56 填充公式到其他单元格

3. IF条件函数的嵌套应用

步骤1:选择外层IF函数。单击L3单元格,切换至"公式"选项卡,单击"函数库"功能组中的"逻辑"按钮,从下拉列表中选择"IF"函数选项,如图3-57所示。

步骤2:设置外层IF函数参数。此时弹出"函数参数"对话框,在"Logical_test"参数框中输入"K3>=80"(建议对单元格的引用直接单击相应单元格完成输入),在"Value_if_true"参数框中输入"优良","Value_if_false"参数框留空,如图3-58所示。最后单击"确定"按钮完成函数参数设置。

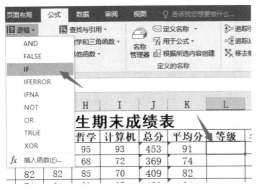

图 3-57　选择外层 IF 函数

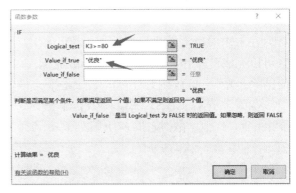

图 3-58　设置外层 IF 函数参数

步骤 3：插入嵌套 IF 函数。返回 Excel 工作界面，在编辑框的公式中右括号前单击，使光标位于右括号之前，输入一个英文的逗号“,”，再次单击“逻辑”按钮，从下拉列表中选择“IF”函数选项，在公式当前位置再插入一个 IF 函数(嵌套 IF 函数)，如图 3-59 所示。

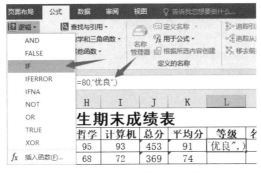

图 3-59　插入嵌套 IF 函数

步骤 4：设置嵌套 IF 函数参数。此时弹出“函数参数”对话框，在“Logical_test”参数框中输入“K3>=60”(建议对单元格的引用直接单击相应单元格完成输入)，在“Value_if_true”参数框中输入“合格”，在“Value_if_false”参数框中输入“不合格”，如图 3-60 所示。最后单击“确定”按钮完成函数参数设置。

步骤 5：填充公式到其他单元格。将 L3 单元格的公式使用填充柄方法完成 L3:L17 单元格区域公式的填充，如图 3-61 所示。

图 3-60　设置嵌套 IF 函数参数

	C	D	E	F	G	H	I	J	K	L
1	2019级某班部分学生期末成绩表									
2	性别	年龄	语文	数学	英语	哲学	计算机	总分	平均分	等级
3	男	18	84	91	90	95	93	453	91	优良
4	女	20	75	84	70	68	72	369	74	合格
5	男	18	90	82	82	85	70	409	82	优良
6	男	19	88	71	91	83	87	420	84	优良
7	女	20	71	73	78	81	86	389	78	合格
8	男	19	65	85	50	71	72	343	69	合格
9	女	20	70	90	75	70	71	376	75	合格
10	女	19	81	77	85	70	75	388	78	合格
11	女	19	82	68	89	89	83	411	82	优良
12	男	20	79	84	82	87	80	412	82	优良
13	女	20	56	76	22	88	45	287	57	不合格
14	男	18	80	63	79	80	82	384	77	合格
15	男	19	87	98	95	86	97	463	93	优良
16	男	20	76	79	82	86	77	400	80	优良
17	女	19	82	88	93	81	70	414	83	优良
18										

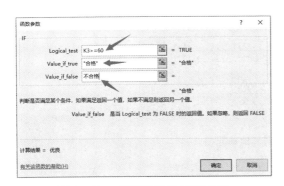

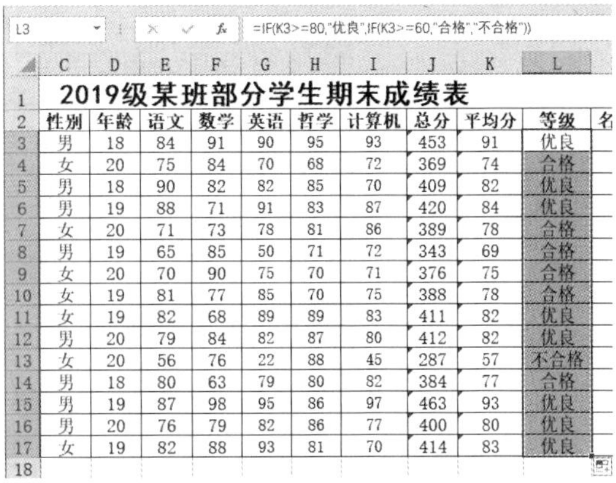

图 3-61　填充公式到其他单元格

4. RANK 排位函数的应用

在工作中经常需要根据数据的大小给出对应的数据排位，在 Excel 中使用 RANK 排位函数可以完成此操作。常用的排位函数有 RANK. EQ 和 RANK. AVG，两者区别在于前者计算的结果是最佳排位，后者计算的结果是平均排位。应用排位函数时还需要用到绝对地址引用。

步骤 1：选择 RANK. EQ 函数。单击 M3 单元格，切换至“公式”选项卡，单击“函数库”功能组中的“其他函数”按钮，从下拉列表中选择“统计”选项，在二级列表中选择“RANK. EQ”函数选项，如图 3－62 所示。

步骤 2：设置 RANK. EQ 函数参数。此时弹出“函数参数”对话框，在“Number”参数框中输入“K3”（建议对单元格的引用直接单击相应单元格完成输入），在“Ref”参数框中输入“＄K＄3：＄K＄17”（绝对引用需要在行号和列标前加“＄”，建议用鼠标在 Excel 编辑窗口中通过框选相应区域完成输入，得到相对应的相对地址 K3：K17 后，单击[F4]键修改为绝对地址引用），在“Order”参数框中输入“0”（也可以留空），如图 3－63 所示。最后单击“确定”按钮完成函数参数设置。

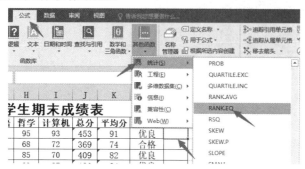

图 3－62　选择 RANK. EQ 函数

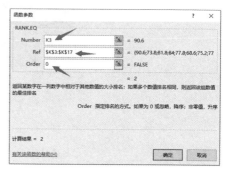

图 3－63　设置 RANK. EQ 函数参数

步骤 3：填充公式到其他单元格。将 M3 单元格的公式使用填充柄方法完成 M3：M17 单元格区域公式的填充，如图 3－64 所示。

性别	年龄	语文	数学	英语	哲学	计算机	总分	平均分	等级	名次
男	18	84	91	90	95	93	453	91	优良	2
女	20	75	84	70	68	72	369	74	合格	13
男	18	90	82	82	85	70	409	82	优良	7
男	19	88	71	91	83	87	420	84	优良	3
女	20	71	73	78	81	86	389	78	合格	9
男	19	65	85	50	71	72	343	69	合格	14
女	20	70	90	75	70	71	376	75	合格	12
女	19	81	77	85	70	75	388	78	合格	10
女	19	82	68	89	89	83	411	82	优良	6
男	20	79	84	82	87	80	412	82	优良	5
女	20	56	76	22	88	45	287	57	不合格	15
男	18	80	63	79	80	82	384	77	合格	11
男	19	87	98	95	86	97	463	93	优良	1
男	20	76	79	82	86	77	400	80	优良	8
女	19	82	88	93	81	70	414	83	优良	4

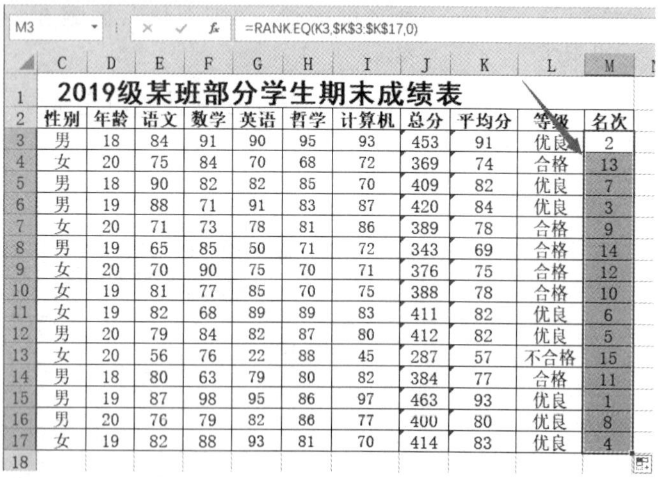

图 3－64　填充公式到其他单元格

5. 高级筛选

筛选是数据处理中常用的操作，有自动筛选和高级筛选两种筛选操作。相对于自动筛选，高级筛选可以将筛选出来的数据直接复制到其他区域(不影响原来数据区域的数据显示),还可以创建更加复杂的筛选条件(自动筛选不支持不同字段间的或运算)。但另一方面,高级筛选在操作步骤上要繁复得多,包括需要预先创建条件区域,条件区域的第一行是和条件相关的字段标题,一般建议从数据区域复制得到。

步骤1:创建条件区域——复制字段标题。在数据区域中复制C2单元格("性别"字段标题),粘贴到O2单元格(条件区域开始单元格)。用同样的操作方法,将"数学"和"英语"字段标题粘贴到P2和Q2单元格。

步骤2:创建条件区域——输入条件参数。在O3:Q4单元格区域里输入条件参数(所示符号必须是英文符号,不能使用中文符号),其中O3单元格输入"男",P3单元格输入">=90",O4单元格输入"女",Q4单元格输入">=90",如图3-65所示。

步骤3:启动高级筛选。在需要筛选的数据区域(A2:M17单元格区域)中单击任意一个单元格,切换至"数据"选项卡,在"排序和筛选"功能组中单击"高级"按钮,如图3-66所示。

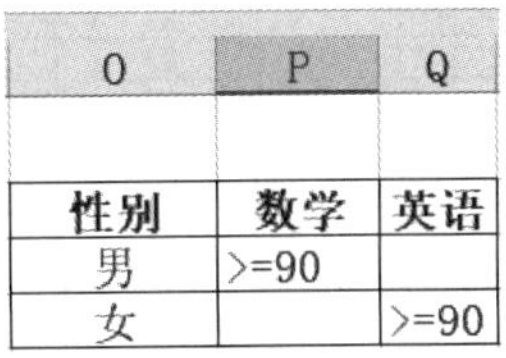

图3-65　输入条件参数 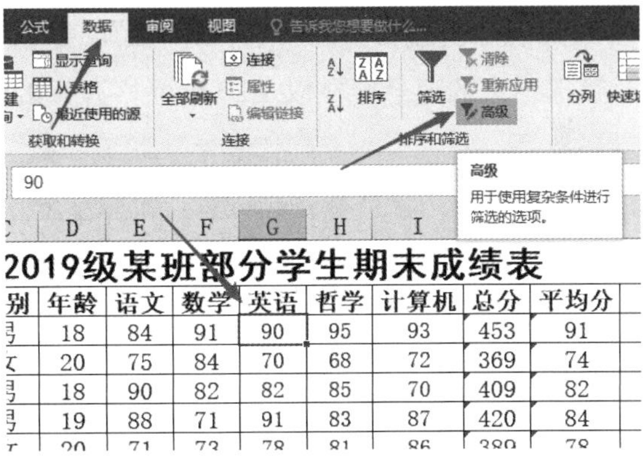　　　　图3-66　启动高级筛选

步骤4:高级筛选参数——设置列表区域和筛选方式。此时弹出"高级筛选"对话框,默认下选择了"列表区域",可以看到此时列表区域就是筛选的数据区域(观察到整个数据区域被闪烁的蚂蚁线标示出来,这是因为在启动高级筛选之前单击了数据区域任一单元格)。在"方式"栏中,单击选中"将筛选结果复制到其他位置"选项,如图3-67所示。

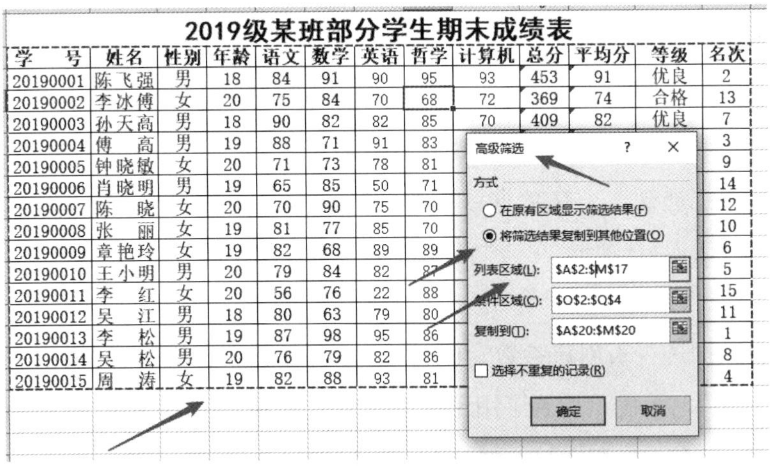

图3-67　设置列表区域和筛选方式

步骤 5：高级筛选参数——设置条件区域。在“条件区域”设置框中用鼠标框选条件区域 O2：Q4，此时“条件区域”会自动写上该区域参数，如图 3－68 所示。

步骤 6：高级筛选参数——设置复制到区域。在“复制到”设置框中，单击选择 A20 单元格，如图 3－69 所示。

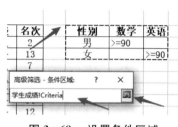

图 3－68　设置条件区域

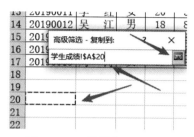

图 3－69　设置复制到区域

步骤 7：完成高级筛选。此时“高级筛选”的参数如图 3－70 所示，单击“确定”按钮执行高级筛选。筛选出来的记录会在以 A20 单元格开始的区域显示，如图 3－71 所示。

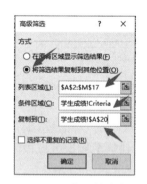

图 3－70　高级筛选参数

7	20190005	钟晓敏	女	20	71	73	78	81	86	389	78	合格	9
8	20190006	肖晓明	男	19	65	85	50	71	72	343	69	合格	14
9	20190007	陈　晓	女	20	70	90	75	70	71	376	75	合格	12
10	20190008	张　丽	女	19	81	77	85	70	75	388	78	合格	10
11	20190009	章艳玲	女	19	82	68	89	89	83	411	82	优良	6
12	20190010	王小明	男	20	79	84	82	87	80	412	82	优良	5
13	20190011	李　红	女	20	56	76	22	88	45	287	57	不合格	15
14	20190012	吴　江	男	18	80	63	79	80	82	384	77	合格	11
15	20190013	李　松	男	19	87	98	95	86	97	463	93	优良	1
16	20190014	吴　松	男	20	76	79	82	86	77	400	80	优良	8
17	20190015	周　涛	女	19	82	88	93	81	70	414	83	优良	4
18													
19													
20	学　号	姓名	性别	年龄	语文	数学	英语	哲学	计算机	总分	平均分	等级	名次
21	20190001	陈飞强	男	18	84	91	90	95	93	453	91	优良	2
22	20190013	李　松	男	19	87	98	95	86	97	463	93	优良	1
23	20190015	周　涛	女	19	82	88	93	81	70	414	83	优良	4
24													
25													
26													

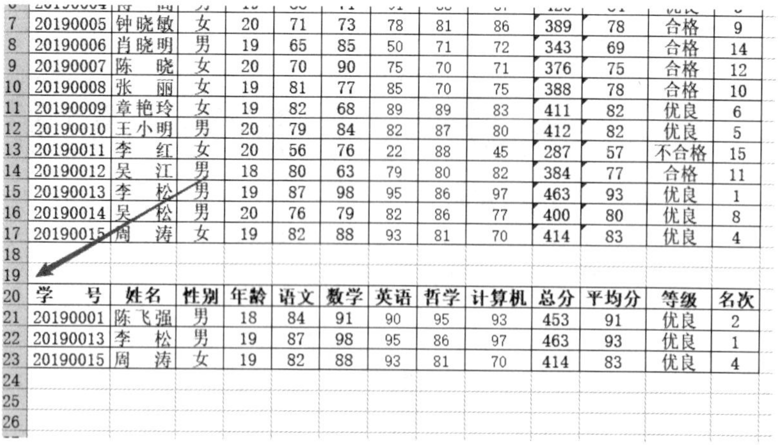

图 3－71　高级筛选效果

6. 数据透视表

数据透视表是 Excel 中功能最为强大的数据工具，能实现排序、筛选、分类汇总和数据统计分析的功能，其操作比较灵活，步骤也比较繁复。

步骤 1：启动数据透视表。在数据区域单击任意一个单元格（也可以选择整个数据区域 A2：M17），切换至“插入”选项卡，单击“表格”功能组中的“数据透视表”按钮，启动数据透视表的创建操作，如图 3－72 所示。

步骤 2：设置数据透视表创建参数。此时弹出“创建数据透视表”对话框，“选择一个表或区域”下的“表/区域”已正确识别到了用于创建透视表的数据区域。在“选择放置数据透视表的位置”区下选择“现有工作表”选项，并在“位置”设置框中用鼠标选择 O7 单元格，如图 3－73 所示。最后单击“确定”按钮完成数据透视表的创建工作。

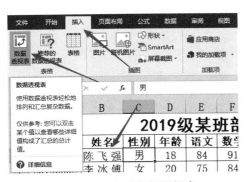

图 3-72 启动数据透视表

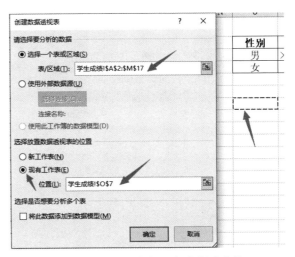

图 3-73 设置数据透视表创建参数

创建数据透视表后,得到的仅仅是数据透视表的框架,在以 O7 单元格开始的区域中会出现一个空的数据表,Excel 工作界面右侧也会出现"数据透视表字段"窗格,其上部分是创建数据透视表数据的字段信息,下部分有四个框,分别为筛选器、列、行和值,如图 3-74 所示。

用户必须将上部分的相应字段拖动到下部分的四个框中并进行必要的设置,以便构造正确的数据透视表进行数据分析。这里允许不断地更换四个框中的字段和设置以便进行不同的数据分析,相当灵活。

步骤 3:拖动字段到相应的框。将"性别"字段拖动到"列"框中,"年龄"字段拖动到"行"框中,"总分"字段拖动到"值"框中。此时编辑窗口中的数据透视表会根据框内的字段实时更新,如图 3-75 所示。

图 3-74 数据透视表框架

图 3-75 拖动字段到相应的框

放置于"值"框内的"总分"字段是数值数据类型,所以默认的统计方法为求和,这里需要更改为求平均值。

步骤 4:设置"值"字段的统计方法。单击"值"框内的"求和项:总分"右侧的下拉按钮,在弹出的快捷菜单中选择"值字段设置"命令,如图 3-76(a)所示。此时弹出"值字段设置"对话框,在"值汇总方式"选项卡中设置"计算类型"为"平均值",如图 3-76(b)所示。

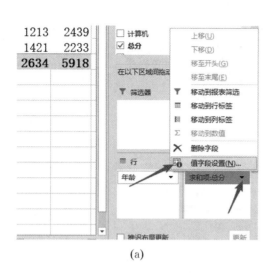

(a)   (b)

图 3-76 设置"值"字段的统计方法

步骤 5：设置统计结果的数字格式。在"值字段设置"对话框下方单击"数字格式"按钮，打开"设置单元格格式"对话框，在"分类"中选择"数值"选项，设置"小数位数"为"1"，如图 3-77 所示。最后单击"确定"按钮完成数字格式设置。

图 3-77 设置统计结果的数字格式

步骤 6：应用数据透视表报表布局。切换至"数据透视表工具｜设计"工具选项卡，单击"布局"功能组中的"报表布局"按钮，从下拉列表中选择"以大纲形式显示"，如图 3-78 所示。

步骤 7：应用数据透视表样式。单击"数据透视表样式"功能组的下拉按钮，从下拉列表中选择"数据透视表样式浅色 15"样式，如图 3-79 所示。

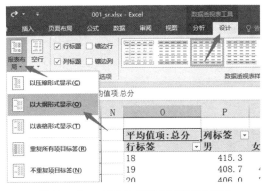

图 3-78 应用数据透视表报表布局

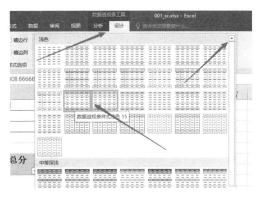

图 3-79 应用数据透视表样式

步骤 8:更改数据透视表名称。切换至"数据透视表工具|分析"工具选项卡,在"数据透视表"功能组的"数据透视表名称"框中将数据透视表的名称更改为"期末成绩分析表",如图 3-80 所示。

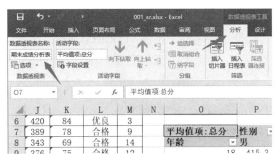

图 3-80 更改数据透视表名称

至此,完成了数据透视表的创建与设置的所有操作。

7. VLOOKUP 数据查找函数的应用

VLOOKUP 数据查找函数应用广泛,当查询的数据在另一个工作表中时,需注意是否需要使用绝对地址引用等。

步骤 1:选择 VLOOKUP 函数。单击工作表标签栏中的"成绩查询"标签,切换至"成绩查询"工作表。单击 B3 单元格,切换至"公式"选项卡,单击"函数库"功能组中的"查找与引用"按钮,从下拉列表中选择"VLOOKUP"函数选项,如图 3-81 所示。

步骤 2:设置 VLOOKUP 函数参数。此时弹出"函数参数"对话框,在"Lookup_value"参数框中输入"A3"(建议对单元格的引用直接单击相应单元格完成输入)。在"Table_array"参数框中单击选择"学生成绩"工作表标签,切换至"学生成绩"工作表,使用鼠标拖动框选A2:M17 数据区域,将相对地址引用更改为绝对地址引用,即"学生成绩!＄A＄2:＄M＄17"。在"Col_index_num"参数框中输入"10"(表示返回的是第 10 列,即总分列的数据)。在"Rang_lookup"参数框中输入"false"(必须全部小写),如图 3-82 所示。最后单击"确定"按钮完成函数参数的设置。

步骤 3:填充公式到其他单元格。将 B3 单元格的公式使用填充柄方法完成 B3:B8 单元格区域公式的填充,如图 3-83 所示。

图 3-81 选择 VLOOKUP 函数

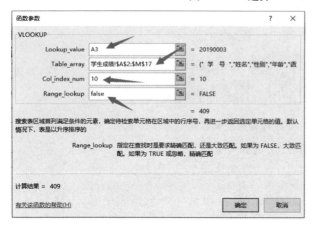

图 3-82 设置 VLOOKUP 函数参数

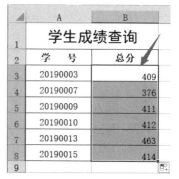

图 3-83 填充公式到其他单元格

8. 模拟运算表

模拟运算表,就是将不同的值代入某个公式,并将运算结果逐一罗列到一个表格。

观察如图 3-84 所示的工作表,可以看到上部分是一公式运算,按照给出的贷款金额(B2 单元格)、贷款年利率(B3 单元格)、贷款年限(B4 单元格)等参数在 B7 单元格算出每月还款金额。下部分是一个模拟运算表,表的左上角就是上部分求出的每月还款金额,表的行是贷款年利率的变化值,表的列是贷款金额的变化值。这个模拟运算表其实就是要用行中的年利率替代上部分公式中 B3 单元格的贷款年利率,用列中的贷款总金额替代上部分公式中 B2 单元格的贷款金额,重新进行公式的运算并把得到的结果填到下方表格中,以供用户选择。

步骤 1:启动模拟运算表。单击工作表标签栏中的"还贷"标签,切换至"还贷"工作表。选择 A12:E16 单元格区域(注意选择时一定要包括左上角公式运算得到的结果),切换至"数据"选项卡,单击"预测"功能组中的"模拟分析"按钮,在下拉列表中选择"模拟运算表",如图 3-85 所示。

模块3 电子表格Excel 2016

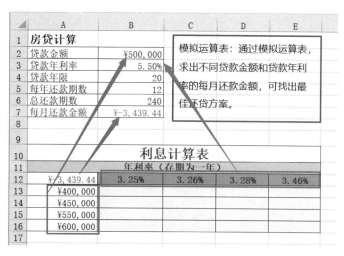

图 3-84　模拟运算表分析

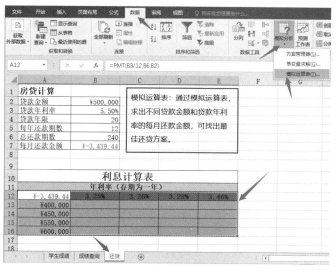

图 3-85　启动模拟运算表

步骤2：设置模拟运算表参数。此时弹出"模拟运算表"对话框，这里需要设置两个量（因为有年利率和贷款总金额两个变化量）。在"输入引用行的单元格"参数框中单击选择B3单元格（默认是绝对引用），在"输入引用列的单元格"参数框中单击选择B2单元格，如图3-86所示。最后单击"确定"按钮完成设置。

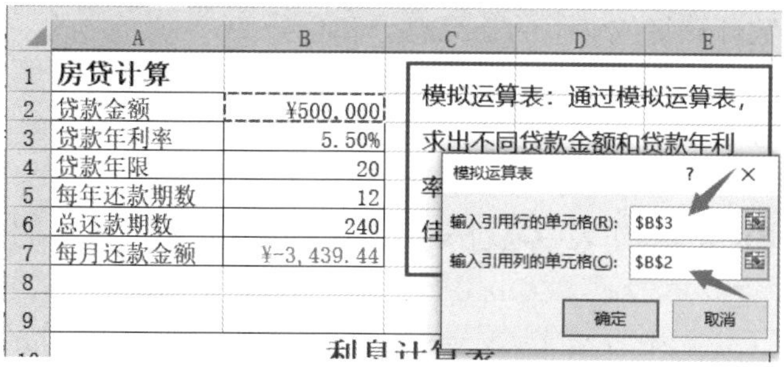

图 3-86　设置模拟运算表参数

以上，完成了“还贷”工作表的所有操作。

实训拓展

打开素材包中“拓展 3-3-1”的工作簿“001_sr. xlsx”，按要求进行数据的统计与分析，参照效果如图 3-87 和图 3-88 所示。

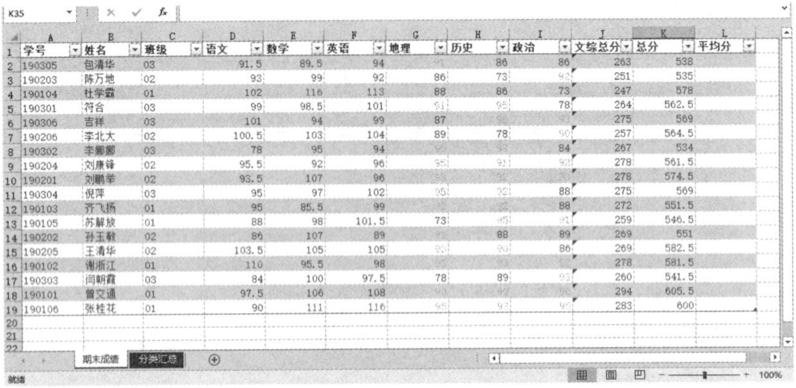

学号	姓名	班级	语文	数学	英语	地理	历史	政治	文综总分	总分	平均分
190305	包清华	03	91.5	89.5	94	91	86	86	263	538	
190203	陈万地	02	93	99	92	86	73	92	251	535	
190104	杜学霸	01	102	116	113	88	86	73	247	578	
190301	符合	03	99	98.5	101	91	95	78	264	562.5	
190306	吉祥	03	101	94	99	87	95	93	275	569	
190206	李北大	02	100.5	103	104	89	78	90	257	564.5	
190302	李娜娜	03	78	95	94	90	93	84	267	534	
190204	刘康锋	02	95.5	92	96	95	91	92	278	561.5	
190201	刘鹏举	02	93.5	107	96	93	92	93	278	574.5	
190304	倪萍	03	95	97	102	95	92	88	275	569	
190103	齐飞扬	01	95	85.5	99	92	92	88	272	551.5	
190105	苏解放	01	88	98	101.5	73	95	91	259	546.5	
190202	孙玉敏	02	86	107	89	92	88	89	269	551	
190205	王清华	02	103.5	105	105	93	90	86	269	582.5	
190102	谢浙江	01	110	95.5	98	93	93	92	278	581.5	
190303	闫朝霞	03	84	100	97.5	78	89	93	260	541.5	
190101	曾交通	01	97.5	106	108	99	99	96	294	605.5	
190106	张桂花	01	90	111	116	95	93	95	283	600	

图 3-87 “期末成绩”工作表的编辑效果

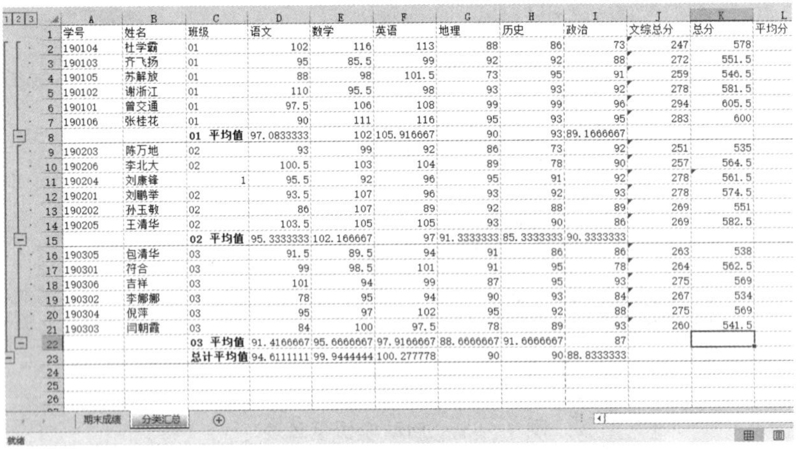

学号	姓名	班级	语文	数学	英语	地理	历史	政治	文综总分	总分	平均分
190104	杜学霸	01	102	116	113	88	86	73	247	578	
190103	齐飞扬	01	95	85.5	99	92	92	88	272	551.5	
190105	苏解放	01	88	98	101.5	73	95	91	259	546.5	
190102	谢浙江	01	110	95.5	98	93	93	92	278	581.5	
190101	曾交通	01	97.5	106	108	99	99	96	294	605.5	
190106	张桂花	01	90	111	116	95	93	95	283	600	
		01 平均值	97.0833333	102	105.916667	90	93	89.1666667			
190203	陈万地	02	93	99	92	86	73	92	251	535	
190206	李北大	02	100.5	103	104	89	78	90	257	564.5	
190204	刘康锋	1	95.5	92	96	95	91	92	278	561.5	
190201	刘鹏举	02	93.5	107	96	93	92	93	278	574.5	
190202	孙玉敏	02	86	107	89	92	88	89	269	551	
190205	王清华	02	103.5	105	105	93	90	86	269	582.5	
		02 平均值	95.3333333	102.166667	97	91.3333333	85.3333333	90.3333333			
190305	包清华	03	91.5	89.5	94	91	86	86	263	538	
190301	符合	03	99	98.5	101	91	95	78	264	562.5	
190306	吉祥	03	101	94	99	87	95	93	275	569	
190302	李娜娜	03	78	95	94	90	93	84	267	534	
190304	倪萍	03	95	97	102	95	92	88	275	569	
190303	闫朝霞	03	84	100	97.5	78	89	93	260	541.5	
		03 平均值	91.4166667	95.6666667	97.9166667	88.6666667	91.6666667	87			
		总计平均值	94.6111111	99.9444444	100.277778	90	90	88.8333333			

图 3-88 “分类汇总”工作表的编辑效果

相关操作要求：

① 对“期末成绩”工作表中的数据列表进行操作：将第 1 列“学号”列设置为文本；调整行高为 15，列宽为 10；对齐方式为水平垂直居中。

② 利用 SUM 函数计算每位学生的文综总分和总分。

③ 学号的第 3 和第 4 位代表学生所在的班级，通过 MID 函数提取每个学生所在的班级。

④ 将“期末成绩”工作表复制到原工作表之后；将该副本工作表标签颜色设置为蓝色，重命名为“分类汇总”。

⑤ 在新建的“分类汇总”工作表中通过分类汇总功能求出每班各科的平均成绩，并将每组结果分页显示。

⑥ 在“期末成绩”工作表中将语文、数学、英语三科中不低于 110 分的成绩所在的单元格设置为红色字体，其他三科中不低于 90 分的成绩设置为橙色字体。

⑦ 为"期末成绩"工作表套用表格格式"表样式浅色 2",表包含标题。

†实训项目 4　应用合并计算生成学生学年成绩†

实训目的

(1) 掌握分类汇总的方法与技巧。
(2) 掌握合并计算的方法与技巧。

实训任务

打开素材包中"项目 3-4"的工作簿"001_sr.xlsx",对"上学期""下学期"和"学年"工作表进行合并计算和分类汇总处理,参照效果如图 3-89 所示。

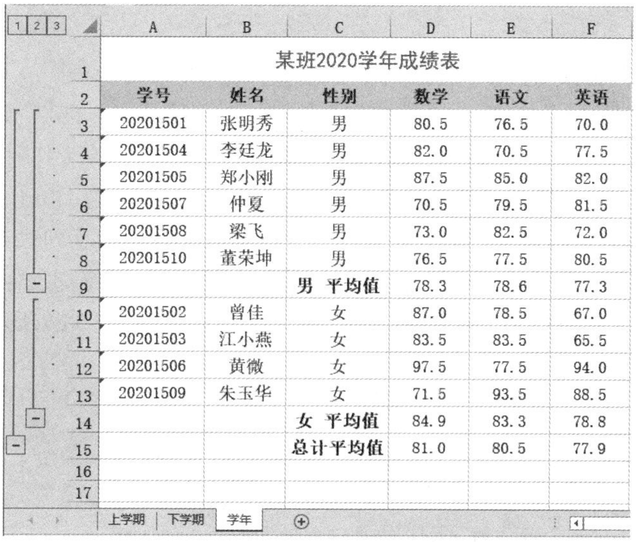

图 3-89　学生学年成绩合并与分类效果

相关操作要求:

(1) 根据"上学期"和"下学期"两个工作表 D3:F12 单元格区域的数据,利用合并计算命令按位置合并数据,在"学年"工作表 D3:F12 单元格区域统计每个学生两个学期的平均分,结果保留一位小数。

(2) 在"学年"工作表中对数据清单按性别升序排序,然后分类汇总:统计男、女生的各科平均分,汇总结果显示在数据的下方。

实训过程

1. 合并计算

所谓合并计算,就是把多个格式一致的报表汇总起来。

步骤 1:启动合并计算。打开相关素材工作簿"001_sr.xlsx",在"学年"工作表中选择

D3:F12单元格区域(该区域目前没有数据),切换至"数据"选项卡,单击"数据工具"功能组中的"合并计算"按钮,如图3-90所示。

图3-90 启动合并计算

步骤2:设置引用位置工作表。此时弹出"合并计算"对话框,单击"函数"下拉按钮,从下拉列表中选择"平均值",设置合并计算的汇总方式为求平均值。在"引用位置"设置框中单击选择"上学期"工作表标签,切换至"上学期"工作表,使用鼠标框选D3:F12数据区域,然后单击"添加"按钮,将"上学期"工作表数据区域添加到"所有引用位置"列表框内,如图3-91(a)所示。同样,在"引用位置"设置框中单击选择"下学期"工作表标签,切换至"下学期"工作表,使用鼠标框选D3:F12数据区域,然后单击"添加"按钮,如图3-91(b)所示。最后单击"确定"按钮完成设置。

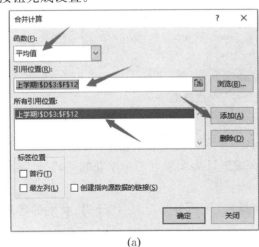
(a)

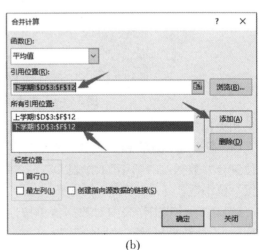
(b)

图3-91 设置引用位置工作表

步骤3:设置结果小数位数。可以看到所选空白区域已被填充平均值数据,保持数据区域的选择,切换至"开始"选项卡,在"数字"功能组中通过单击"增加小数位数"按钮或"减少小数位数"按钮,增减小数位数让合并计算结果保留一位小数,如图3-92所示。

图 3-92 设置结果小数位数

2. 分类汇总

分类汇总是常用的数据分析工具。分类汇总就是把数据按某些类别进行分类,然后在分类的基础上对各类别的相关数据进行求和、求平均值等统计方法的汇总。在做分类汇总操作的时候需要注意的是,在分类汇总前必须先使用排序操作对数据进行分类,让类别相同的数据排在一块。

步骤1:按分类字段快速排序。在"学年"工作表的数据区域单击"性别"标题字段,切换至"数据"选项卡,单击"排序和筛选"功能组中的"升序"快速排序按钮,如图3-93所示,对数据区域按性别快速排序,可以看到数据区域中的数据按男女不同排到了一块。

步骤2:启动分类汇总。在数据区域单击任意一个单元格(也可以选择整个数据区域),单击"数据"选项下"分级显示"功能组中的"分类汇总"按钮,如图3-94所示。

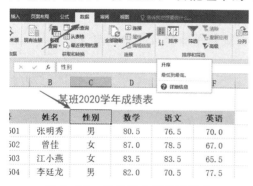

图 3-93 按分类字段快速排序

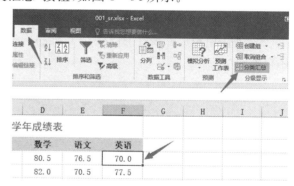

图 3-94 启动分类汇总

步骤3:设置分类汇总参数。此时弹出"分类汇总"对话框,在"分类字段"下拉列表中选择"性别",在"汇总方式"下拉列表中选择"平均值",在"选定汇总项"列表框中勾选"数学""语文"和"英语"三个字段,其他选项保持默认值,如图3-95所示。最后单击"确定"按钮完成分类汇总参数设置。

至此,完成了"学年"工作表的分类汇总操作。

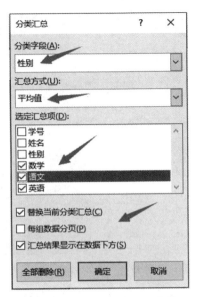

图 3-95 设置分类汇总参数

实 训 拓 展

(1) 打开素材包中"拓展 3-4-1"的工作簿"001_sr.xlsx",按要求完成编辑操作。

相关操作要求:

根据"2018 年""2019 年""2020 年"三个工作表 B3:E7 单元格区域的数据,利用合并计算命令按位置合并数据,在"三年总人数"工作表 B3:E7 单元格区域中,统计各景区三年来每个季度游客的总人数。

(2) 打开素材包中"拓展 3-4-2"的工作簿"002_sr.xlsx",按要求完成编辑操作。

相关操作要求:

① "Sheet1"工作表的页面方向为横向,缩放比例为 105%,左、右页边距均为 3 厘米,插入页眉的内容为"模拟运算表",页眉居中。

② 使用模拟运算表在 B12:F17 单元格区域求出当贷款年限和贷款金额改变时每月的偿还金额。

模块4　演示文稿 PowerPoint 2016

†实训项目1　编辑美化企业内部培训 PPT†

实训目的

(1) 掌握从大纲文本创建幻灯片的方法与技巧。
(2) 掌握主题设置的方法与技巧。
(3) 掌握文本格式设置的方法与技巧。
(4) 掌握形状设置的方法与技巧。
(5) 掌握应用图片的方法与技巧。
(6) 掌握应用 SmartArt 图形的方法与技巧。
(7) 掌握切换动画设置的方法与技巧。
(8) 掌握动画设置的方法与技巧。

实训任务

公司人力资源部需要编辑美化一下企业内部培训使用的幻灯片。打开素材包中"项目4-1"的演示文稿"001_sr.pptx",按要求进行设计,参照素材中的视频"001_final.mp4"的演示效果。

相关操作要求：

(1) 根据素材中的文档"001_大纲.docx"中的内容,在演示文稿第2张幻灯片后插入两张从大纲新建的幻灯片,内容根据大纲级别确定,更改新插入的幻灯片版式为"标题和内容"。

(2) 设置所有幻灯片的设计主题为"红利",变体为第2种变体样式,字体为"Arial-黑体-黑体",效果为"细微固体"。

(3) 在第1张幻灯片中插入图片"001.jpg",设置图片高10.5厘米、宽33.9厘米(取消锁定纵横比),水平居中,底端对齐,设置外部阴影"向上偏移"的图片效果。

(4) 在标题内容为"6.整体文化弱,子文化就会成为主导。"的幻灯片中,将红色矩形更改形状为"圆角矩形标注",调整形状调节柄使形状下端尖角适当变长。

(5) 在标题内容为"7.文化先行,为未来战略实施保驾护航。"的幻灯片中,左侧的文本占位符文字大小设置为24磅,段落设置为两端对齐,段前、段后间距均为12磅,1.5倍行距,将项目符号改为"加粗空心方形项目符号"样式;右侧的文本占位符转换为SmartArt图形"梯形列表",更改颜色为"彩色-个性色",三维效果为"嵌入"。

(6)在最后一张幻灯片右下角插入动作按钮"动作按钮:开始",设置单击时链接到第2张幻灯片,按钮应用形状样式"细微效果-水绿色,强调颜色2",按钮右对齐、底端对齐。

(7)设置第1张幻灯片切换效果为"页面卷曲",其余幻灯片切换效果为"传送带",所有幻灯片切换效果持续时间均为2秒。

(8)为SmartArt图形设计动画效果,要求逐个垂直百叶窗效果进入;所有动画效果在上一动画之后自动开始。

实训过程

1. 通过插入大纲文本创建新幻灯片

在PowerPoint中创建新的内容幻灯片,可以通过插入新的空白幻灯片后输入内容得到,也可以通过插入大纲文本直接创建内容幻灯片,后者十分适合已有大纲文本的情况。

步骤1:启动从大纲新建幻灯片。打开相关素材演示文稿"001_sr.pptx"(初始演示文稿共9张幻灯片),在左侧的幻灯片浏览窗格中,单击第2张和第3张幻灯片中间(此时有一横线出现),切换至"开始"选项卡,在"幻灯片"功能组中的"新建幻灯片"下拉按钮上单击,从下拉列表中选择"幻灯片(从大纲)"命令,如图4-1所示。

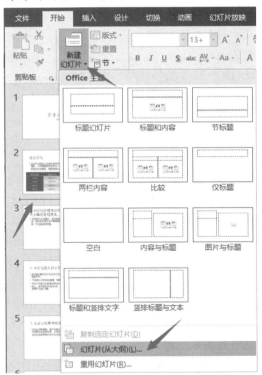

图4-1 启动从大纲新建幻灯片

步骤2:选择大纲文件。此时弹出"插入大纲"对话框,从中找到本项目素材文件夹,选择文档"001_大纲.docx",单击"插入"按钮使用大纲文本创建新幻灯片,如图4-2所示。

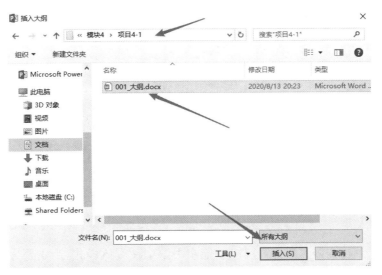

图 4-2 选择大纲文件

步骤 3：更改新幻灯片的版式。此时在第 2 张幻灯片后面将插入两张新的幻灯片，内容根据大纲级别确定。选择第 3 张幻灯片，在"开始"选项卡下"幻灯片"功能组中单击"版式"按钮，从下拉列表中选择"标题和内容"命令，更改新插入幻灯片的版式，如图 4-3 所示。选择第 4 张幻灯片，同样将其幻灯片版式更改为"标题和内容"。

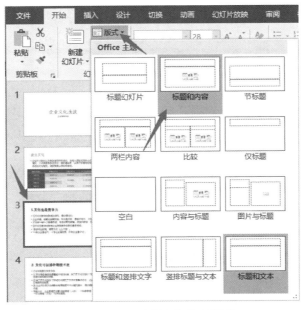

图 4-3 更改新幻灯片的版式

2. 设置设计主题方案

套用设计主题方案是改变幻灯片外观设计的常用方法，也是最快捷更改演示文稿风格的方法。

步骤 1：套用主题样式。切换至"设计"选项卡，单击"主题"下拉按钮，从下拉列表中单击"红利"主题，为演示文稿所有的幻灯片应用该主题，如图 4-4 所示。

图 4-4　套用主题样式

步骤 2：设置主题变体。单击"变体"功能组中第 2 种变体样式，为主题方案设置变体更改主题的风格，如图 4-5 所示。可以看到幻灯片的主色调从红色变成了蓝色。

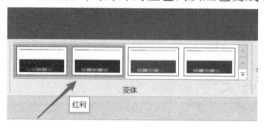

图 4-5　设置主题变体

步骤 3：设置主题字体。单击"变体"下拉按钮，从下拉列表中选择"字体"，从二级列表中单击"Arial-黑体-黑体"选项，如图 4-6 所示，将演示文稿的标题和正文默认中文字体都设置为黑体。

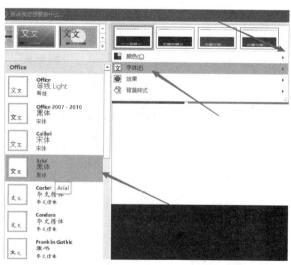

图 4-6　设置主题字体

步骤4:设置主题效果。单击"变体"下拉按钮,从下拉列表中选择"效果",从二级列表中单击"细微固体"选项,如图4-7所示,设置主题图形效果为细微固体效果。

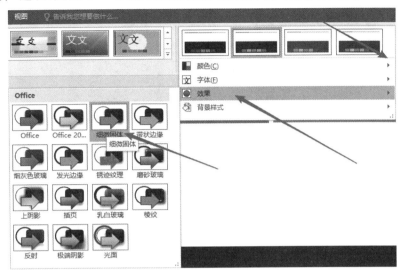

图4-7 设置主题效果

完成以上的主题设置操作后,可以看到整个演示文稿的风格(背景、配色、字体和图形效果等)都发生了明显的改变,如图4-8所示。

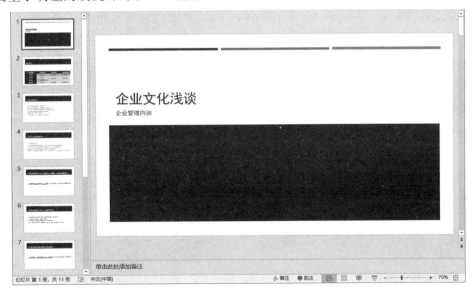

图4-8 主题设置完成后的效果

3. 应用图片

步骤1:插入图片。在左侧的幻灯片浏览窗格单击选择第1张幻灯片,切换至"插入"选项卡,单击"图像"功能组中的"图片"按钮,如图4-9(a)所示。在弹出的"插入图片"对话框中找到本项目素材文件夹,选择图片文件"001.jpg",单击"插入"按钮将其导入当前幻灯片,如图4-9(b)所示。

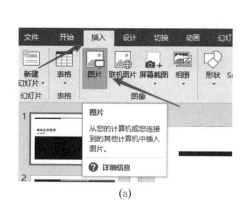
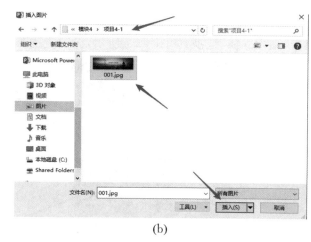

图 4-9 插入图片

步骤2：设置图片的大小。保持插入图片的选择，切换至"图片工具|格式"工具选项卡，单击"大小"功能组右下角扩展按钮。此时编辑窗口右侧会出现"设置图片格式"窗格，在"大小"设置栏中先取消勾选"锁定纵横比"复选框，再在"高度"和"宽度"文本框中分别设置值为"10.5厘米"和"33.9厘米"，如图4-10所示。

步骤3：设置图片的对齐方式。在"排列"功能组中单击"对齐"按钮，从下拉列表中选择"水平居中"。再次单击"对齐"按钮，从下拉列表中选择"底端对齐"，如图4-11所示。此时图片将在幻灯片中水平居中，底端对齐。

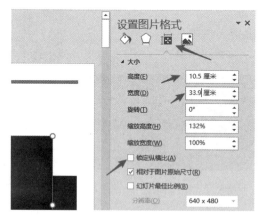

图 4-10 设置图片的大小

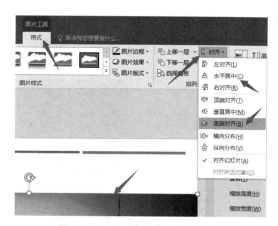

图 4-11 设置图片的对齐方式

步骤4：设置图片效果。在"图片样式"功能组中单击"图片效果"按钮，从下拉列表中选择"阴影"选项，从二级列表中选择"外部"栏中的"向上偏移"选项，为图片增加向上偏移的阴影效果，如图4-12所示。

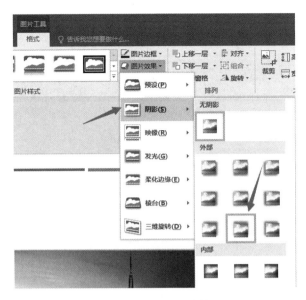

图 4‑12 设置图片效果

4. 调整图形形状

步骤1：更改图形形状。在幻灯片浏览窗格单击第8张幻灯片，在编辑窗格选择幻灯片中的红色矩形文本框，切换至"绘图工具|格式"工具选项卡，单击"插入形状"功能组中的"编辑形状"按钮，从下拉列表中选择"更改形状"选项，从二级列表中选择"标注"栏中的"圆角矩形标注"形状，如图4‑13所示。

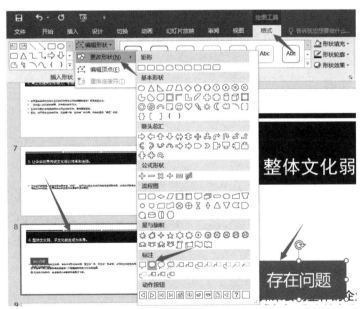

图 4‑13 更改图形形状

步骤2：调整图形大小和位置。在编辑窗格中，用鼠标调节圆角矩形标注框的8个圆形调节柄及黄色的形状调节柄并拖动形状，更改该图形的长宽比、形状及位置，完成效果如

图 4-14 所示。

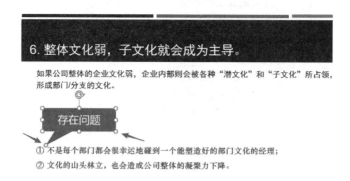

图 4-14　调整图形大小和位置

5. 文本格式设置

文本是演示文稿中最基础的对象,要使文本有良好的阅读性并呈现良好的视觉效果,对文本进行字体和段落等的设置是必不可少的环节。

步骤 1:设置文本字体格式。在幻灯片浏览窗格单击第 9 张幻灯片,在编辑窗格选择左侧文本占位符中的文本,切换至"开始"选项卡,在"字体"功能组中设置"字号"为"24"。

步骤 2:设置文本段落格式。单击"段落"功能组右下角扩展按钮,弹出"段落"对话框,"对齐方式"选择"两端对齐",设置"段前"和"段后"的值均为"12 磅","行距"选择"1.5 倍行距",如图 4-15 所示。最后单击"确定"按钮完成段落格式设置。

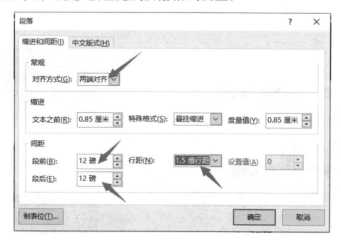

图 4-15　设置文本段落格式

步骤 3:更改项目符号样式。在"段落"功能组中单击"项目符号"下拉按钮,从下拉列表中选择"加粗空心方形项目符号"样式,如图 4-16 所示。

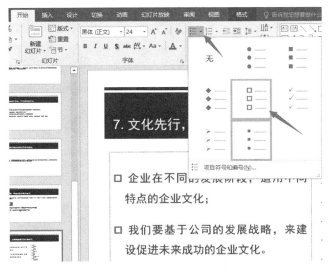

图 4-16　更改项目符号样式

6. 应用 SmartArt 图形

SmartArt 图形可以非常直观地说明层级关系、附属关系、并列关系以及循环关系等各种常见的关系,而且制作出来的图形非常精美,具有很强的立体感和画面感,在演示文稿制作中被大量地使用。

步骤 1：启动文本转换为 SmartArt 图形。在第 9 张幻灯片中,单击右侧文本占位符,在"开始"选项卡下"段落"功能组中单击"转换为 SmartArt"按钮,从下拉列表中选择"其他 SmartArt 图形"选项,如图 4-17 所示。

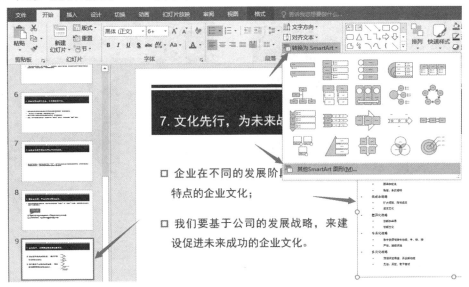

图 4-17　启动文本转换为 SmartArt 图形

步骤 2：选择 SmartArt 图形样式。此时弹出"选择 SmartArt 图形"对话框,在"列表"中选择"梯形列表"样式,如图 4-18 所示。最后单击"确定"按钮后所选文本将转换为"梯形列表"样式的 SmartArt 图形。

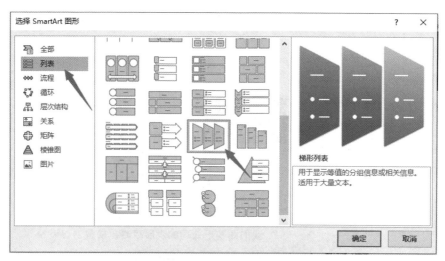

图 4-18　选择 SmartArt 图形样式

步骤 3：设置 SmartArt 图形颜色样式。保持 SmartArt 图形的选择，切换至"SmartArt 工具|设计"工具选项卡，单击"SmartArt 样式"功能组中的"更改颜色"按钮，从下拉列表中选择"彩色-个性色"选项，如图 4-19 所示。

步骤 4：设置 SmartArt 图形效果样式。单击"SmartArt 样式"功能组中的"文档的最佳匹配对象"下拉按钮，从下拉列表中选择"三维"栏中的"嵌入"样式选项，如图 4-20 所示。

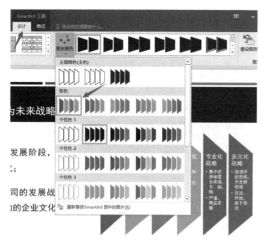

图 4-19　设置 SmartArt 图形颜色样式

图 4-20　设置 SmartArt 图形效果样式

7. 应用动作按钮

动作按钮是一种快速应用超链接的方法，可以实现链接到指定的幻灯片、执行命令或运行指定的程序等功能。

步骤 1：启动插入动作按钮。在幻灯片浏览窗格单击选择第 11 张幻灯片，切换至"插入"选项卡，单击"插图"功能组中的"形状"按钮，在下拉列表中选择"动作按钮：开始"形状选项，如图 4-21 所示。

步骤 2：绘制动作按钮。此时鼠标变成黑色十字形表示绘制状态，在编辑窗格的幻灯片右下角单击并拖动绘制出一个选定的动作按钮形状。

模块4 演示文稿PowerPoint 2016

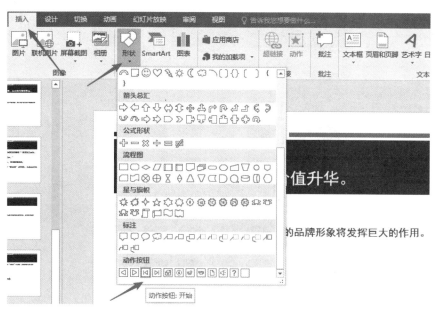

图 4-21 启动插入动作按钮

步骤3：设置动作。绘制完成后会自动弹出"操作设置"对话框，从"超链接到"下拉列表中选择"幻灯片…"选项，如图4-22(a)所示。在后继弹出的"超链接到幻灯片"对话框的左侧列表中选择"2.企业文化"，如图4-22(b)所示，设置动作按钮链接到第2张幻灯片。最后两次单击"确定"按钮完成设置。

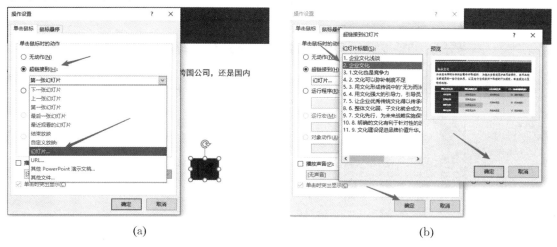

(a)　　　　　　　　　　　　　　(b)

图 4-22 设置动作

步骤4：设置图形效果。保持动作按钮的选择，切换至"绘图工具|格式"工具选项卡，单击"形状样式"功能组下拉按钮，从下拉列表中选择"主题样式"栏中的"细微效果-水绿色，强调颜色2"样式选项，如图4-23所示。

步骤5：设置图形对齐方式。在"排列"功能组中单击"对齐"按钮，从下拉列表中选择"右对齐"。再次单击"对齐"按钮，从下拉列表中选择"底端对齐"。此时动作按钮置于幻灯片右下角。

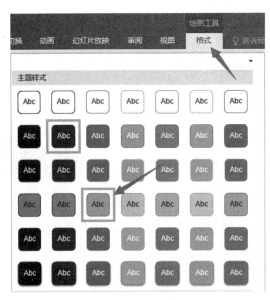

图 4-23 设置图形效果

8. 设置切换效果

幻灯片切换效果是指幻灯片放映时从一张幻灯片进入下一张幻灯片时,在幻灯片放映视图中出现的动画效果。

步骤 1:设置第 1 张幻灯片切换效果。在幻灯片浏览窗格选择第 1 张幻灯片,切换至"切换"选项卡,单击"切换到此幻灯片"功能组下拉按钮,从下拉列表中选择"华丽型"栏中的"页面卷曲"效果,如图 4-24 所示。

图 4-24 设置第 1 张幻灯片切换效果

步骤 2:设置其余幻灯片切换效果。选择第 2 至第 11 张幻灯片(在幻灯片浏览窗格先单击第 2 张幻灯片,然后按住[Shift]键不放单击最后 1 张幻灯片即可),同步骤 1,从下拉列表中选择"动态内容"栏中的"传送带"效果,如图 4-25 所示。

图 4-25　设置其余幻灯片切换效果

步骤 3：设置切换效果持续时间。在幻灯片浏览窗格选择所有幻灯片，将"计时"功能组中的"持续时间"设置为"02.00"（2 秒）。

9. 设置动画

幻灯片内容在幻灯片中从无到有地出现，这个动作就是进入动画。

步骤 1：添加进入动画。在幻灯片浏览窗格选择第 9 张幻灯片，在编辑窗格中选择 SmartArt 图形，切换至"动画"选项卡，单击"动画"功能组下拉按钮，从下拉列表中选择"更多进入效果"选项，如图 4-26(a)所示。在弹出的"更改进入效果"对话框中，选择"基本型"栏中的"百叶窗"动画效果类型，如图 4-26(b)所示。最后单击"确定"按钮完成设置。

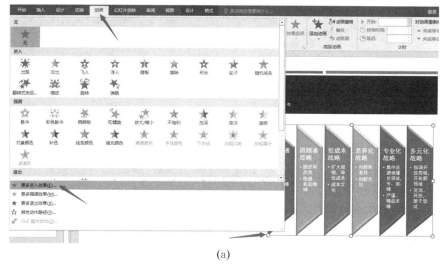

(a)

图 4-26　添加进入动画

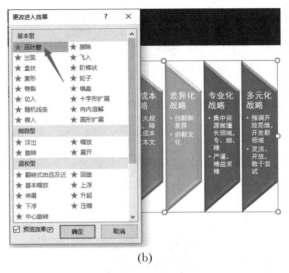

(b)

图 4-26　添加进入动画（续）

步骤 2：设置动画效果选项。在"动画"功能组中单击"效果选项"按钮，从下拉列表中选择"垂直"选项。再次单击"效果选项"按钮，从下拉列表中选择"逐个"选项，如图 4-27 所示。

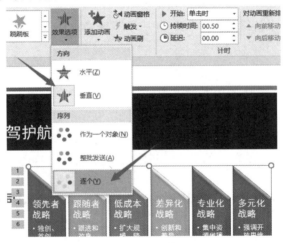

图 4-27　设置动画效果选项

步骤 3：设置动画开始方式。"计时"功能组中的"开始"选择"上一动画之后"选项。

至此，完成了演示文稿的所有操作。

实训拓展

打开素材包中"拓展 4-1-1"的演示文稿"001_sr.pptx"，编辑 PPT 简要介绍第五代移动通信技术（5G）。利用图片素材"001_1.jpg""001_2.jpg"和视频素材"001_3.wmv"，参照视频"001_final.wmv"的演示效果进行设计，并将演示文稿另存为"005.ppsx"，保存类型为"PowerPoint 放映（*.ppsx）"。

相关操作提示：

设计主题为"聚合"。母版设置所有字体为微软雅黑、右上角插入图片。第 4 张幻灯片设置对象的动画效果为"逐个飞入"。在第 5 张幻灯片插入视频并设置自动播放。在第 6 张幻灯片中插入图片,并设置样式为"圆形对角",白色边框。第1张幻灯片切换效果设置为"形状",其他幻灯片设置为"揭开"。另存为"PowerPoint 放映(*.ppsx)"。

† 实训项目 2　编辑美化企划会议 PPT †

实 训 目 的

(1) 掌握应用外部主题的方法与技巧。
(2) 掌握应用视频的方法与技巧。
(3) 掌握添加批注和备注的方法与技巧。
(4) 掌握图形合并操作的方法与技巧。
(5) 掌握应用图表的方法与技巧。
(6) 掌握动画设置的方法与技巧。
(7) 掌握幻灯片页眉、页脚操作的方法与技巧。
(8) 掌握演示文稿文件格式操作的方法与技巧。

实 训 任 务

公司企划部需要编辑美化一下企划会议使用的幻灯片。打开素材包中"项目 4-2"的演示文稿"001_sr.pptx",按要求进行设计,参照视频"001_final.mp4"的演示效果。

相关操作要求:

(1) 设置幻灯片的设计主题为自定义设计主题"001_模板.potx",设置第 3 和第 6 张幻灯片版式为"标题",其余幻灯片版式为"线条"。

(2) 在幻灯片最前面新建两张幻灯片,第 1 张幻灯片版式为"loading",第 2 张版式为"封面",隐藏最后一张幻灯片。

(3) 在第 1 张幻灯片内插入视频文件"001.mp4",自动开始播放、循环播放、直到停止,设置视频样式为"外部阴影矩形"。

(4) 为第 1 张幻灯片添加批注,批注内容为"视频自动播放";为第 1 张幻灯片添加备注,备注内容为"90 后青春该如何安放?"。

(5) 修改标题框内容为"工作十年后月薪"的幻灯片中的背景样式为"样式 12";绘制一个圆角矩形,高 2.2 厘米、宽 3.2 厘米,无轮廓;将页面中的人民币符号形状放在圆角矩形正中,使用组合形状工具合并成圆角矩形中镂空人民币符号形状。

(6) 对合并后的形状进行渐变填充,预设渐变"底部聚光灯-个性色 1",参照演示效果将形状拖放至合适位置并向下复制三份,修改预设渐变分别为"底部聚光灯-个性色 2""底部聚光灯-个性色 3""底部聚光灯-个性色 4"。

(7) 在标题框内容为"周末深夜打车占比"的幻灯片中插入簇状柱形图,使用工作簿"001.xlsx"中的数据。

(8) 为图表添加按类别自底部擦除效果进入的动画效果,所有动画效果在上一动画之后自动开始。

(9) 为所有幻灯片添加页脚"年轻人生活压力大数据报告"。
(10) 导出 PDF 文件"001.pdf",文件优化为最小文件大小(联机发布)。

实训过程

1. 套用外部主题

应用设计主题方案是改变幻灯片外观设计的常用方法,除应用 PowerPoint 内置的设计主题外,还可以使用外部主题文件引入外部的设计主题。

步骤 1:引入外部主题。打开相关素材演示文稿"001_sr.pptx"(初始演示文稿共 7 张幻灯片),切换至"设计"选项卡,单击"主题"下拉按钮,从下拉列表中选择"浏览主题"选项,如图 4-28 所示。

图 4-28　引入外部主题

步骤 2:指定外部主题文件。此时弹出"选择主题或主题文档"对话框,找到本项目素材文件夹,选择"001_模板.potx"演示文稿设计主题文档,如图 4-29 所示,单击"应用"按钮将其导入并应用主题到当前演示文稿。

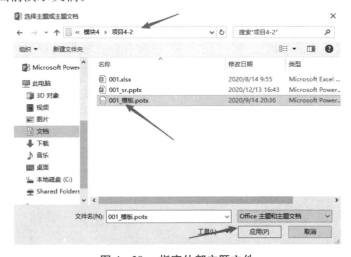

图 4-29　指定外部主题文件

步骤3:更改第3和第6张幻灯片版式。在幻灯片浏览窗格中单击空白处取消所有幻灯片的选择,按[Ctrl]键不松开并单击第3和第6张幻灯片,同时选中这两张幻灯片后,切换至"开始"选项卡,单击"幻灯片"功能组中的"版式"按钮,从下拉列表中选择"标题"版式,如图4-30所示。

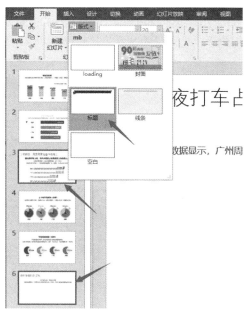

图4-30　更改第3和第6张幻灯片版式

步骤4:更改其余幻灯片版式。选择第1、第2、第4、第5和第7张幻灯片,单击"幻灯片"功能组中的"版式"按钮,从下拉列表中选择"线条"版式,如图4-31所示。

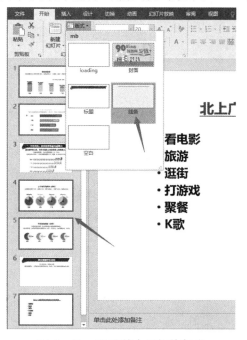

图4-31　更改其余幻灯片版式

2. 创建与隐藏幻灯片

创建新的幻灯片和将指定的幻灯片隐藏以便在放映时不显示是常用的操作。

步骤1:在最前面建立新幻灯片。在幻灯片浏览窗格的第1张幻灯片前面单击(此时第1张幻灯片前面有一条横线),单击"幻灯片"功能组中的"新建幻灯片"按钮,从下拉列表中选择"loading"版式,如图4-32(a)所示。此时将在第1张幻灯片前面插入一张版式为"loading"的新幻灯片。同样,在新建的幻灯片(此时是第1张幻灯片)后面单击,新建一张版式为"封面"的新幻灯片,如图4-32(b)所示。

(a)

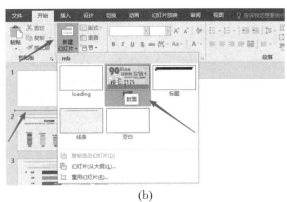
(b)

图4-32 在最前面建立新幻灯片

步骤2:隐藏最后一张幻灯片。在幻灯片浏览窗格选择最后一张幻灯片,切换至"幻灯片放映"选择卡,单击"设置"功能组中的"隐藏幻灯片"按钮,如图4-33所示。此时所选幻灯片在幻灯片浏览窗格以半透明状态显示,表示隐藏状态。

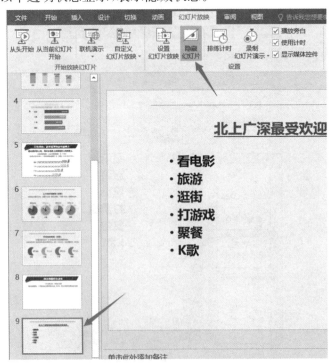

图4-33 隐藏最后一张幻灯片

3. 应用视频

在演示文稿中应用视频,主要的操作包括插入视频文件、设置视频的放映方式、为视频设置外观样式及调整视频效果。

步骤1:插入视频文件。在幻灯片浏览窗格选择第1张幻灯片,切换至"插入"选项卡,单击"媒体"功能组中的"视频"按钮,从下拉列表中选择"PC上的视频",如图4-34所示。

图4-34 插入视频文件

步骤2:选择视频文件。此时弹出"插入视频文件"对话框,找到本项目素材文件夹,选择视频文件"001.mp4",单击"插入"按钮将该视频插入当前幻灯片,如图4-35所示。

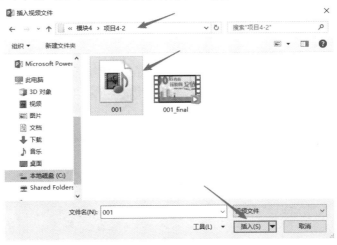

图4-35 选择视频文件

步骤3:设置视频的播放方式。保持视频的选择状态,切换至"视频工具|播放"工具选项卡,"视频选项"功能组中的"开始"选择"自动"选项,勾选"循环播放,直到停止"复选框,如图4-36所示。

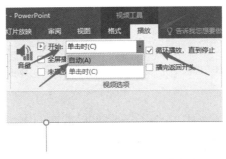

图4-36 设置视频的播放方式

步骤4:套用视频外观样式。继续保持视频的选择状态,切换至"视频工具|格式"工具选项卡,在"视频样式"功能组下拉列表中选择"细微型"栏中的"外部阴影矩形"样式,如图4-37所示。

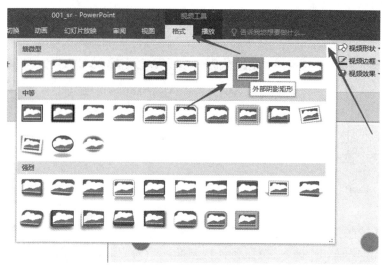

图 4-37　套用视频外观样式

4. 添加批注与备注

步骤1:添加与编辑批注内容。选择第1张幻灯片,切换至"审阅"选项卡,单击"批注"功能组中的"新建批注"按钮。此时编辑窗口右侧出现"批注"窗格,单击批注内容编辑框,输入批注内容"视频自动播放"即可,如图4-38所示。

步骤2:添加备注。在编辑窗格的下方备注窗格中单击,输入备注内容"90后青春该如何安放?",如图4-39所示。

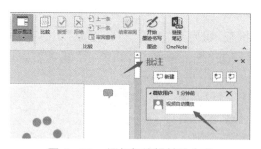

图 4-38　添加与编辑批注内容

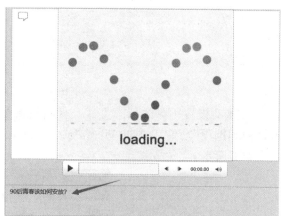

图 4-39　添加备注

5. 图形合并

PowerPoint 2016对于图形操作增加了一个非常重要的图形合并功能,可以对多个图形进行联合、组合、拆分、相交或剪除等操作,从而使用多个基本的图形进行布尔运算得到需要的复杂图形。

步骤1:修改幻灯片背景样式。在幻灯片浏览窗格选择第4张幻灯片,切换至"设计"选项卡,单击"变体"下拉按钮,在下拉列表中选择"背景样式",在二级列表中右击"样式12",从弹出的快捷菜单中选择"应用于所选幻灯片"命令,将"样式12"背景样式只应用于第4张幻灯片上,如图4-40所示。

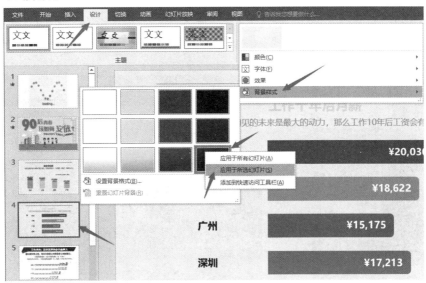

图4-40 修改幻灯片背景样式

步骤2:插入圆角矩形形状。保持第4张幻灯片的选择状态,切换至"插入"选项卡,单击"插图"功能组中的"形状"按钮,从下拉列表中选择"矩形"栏的"圆角矩形"形状按钮,如图4-41所示。此时鼠标指针变成十字形,在当前幻灯片中单击并拖动绘制一个圆角矩形。

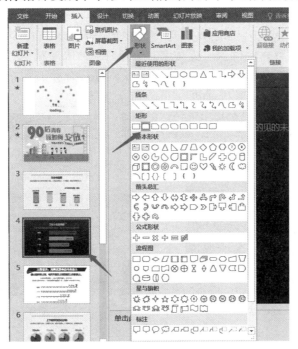

图4-41 插入圆角矩形形状

步骤3:设置形状尺寸。保持圆角矩形的选择状态,切换至"绘图工具|格式"工具选项卡,在"大小"功能组中定义形状的"高度"为"2.2厘米","宽度"为"3.2厘米"。

步骤4:设置形状轮廓。保持圆角矩形的选择状态,切换至"绘图工具|格式"工具选项卡,在"形状样式"功能组中单击"形状轮廓"按钮,从下拉列表中选择"无轮廓",如图4-42所示。

步骤5:更改形状的叠放次序。选择人民币符号"￥"形状,切换至"绘图工具|格式"工具选项卡,在"排列"功能组中单击"上移一层"下拉按钮,从下拉列表中选择"置于顶层"命令,如图4-43所示。

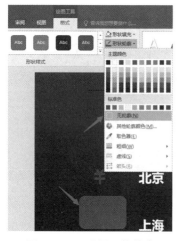

图4-42 设置形状轮廓

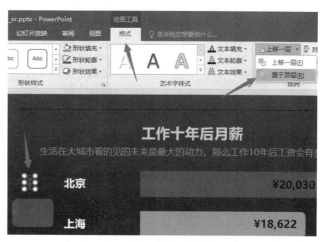

图4-43 更改形状的叠放次序

步骤6:设置形状对齐方式。用框选的方法同时选择绘制的圆角矩形形状和人民币的符号"￥"形状,切换至"绘图工具|格式"工具选项卡,单击"排列"功能组中的"对齐"按钮,从下拉列表中选择"水平居中"命令。再次单击"排列"功能组中的"对齐"按钮,从下拉列表中选择"垂直居中"命令,如图4-44所示。此时所选的两个形状将水平和垂直都居中对齐。

步骤7:图形合并运算。保持上一步对象的选择,在"插入形状"功能组中单击"合并形状"按钮,从下拉列表中选择"组合"命令,此时两个形状将进行合并形状布尔运算,圆角矩形中间被"￥"形状挖空并合并成一个形状,如图4-45所示。

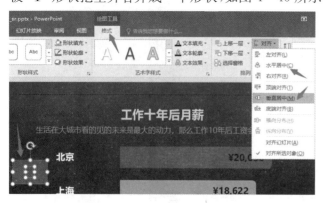

图4-44 设置形状对齐方式

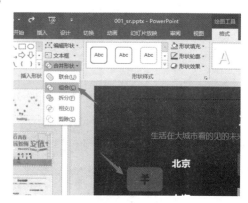

图4-45 图形合并运算

6. 应用渐变填充

步骤1:设置形状填充为渐变填充。保持上一步合并后形状的选择,在"形状样式"功能组中单击"形状填充"按钮,从下拉列表中选择"渐变",从二级列表中选择"其他渐变"选项,如图 4-46 所示。

步骤 2:设置渐变填充效果。此时编辑窗口右侧出现"设置形状格式"窗格,先选择"渐变填充"选项,再设置"预设渐变"为"底部聚光灯-个性色 1"样式选项,如图 4-47 所示。

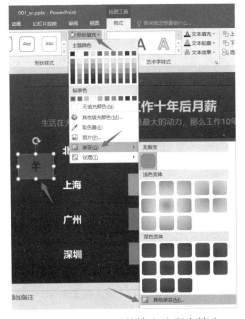

图 4-46　设置形状填充为渐变填充　　　　图 4-47　设置渐变填充效果

步骤 3:复制合并后的形状。保持上一步形状的选择,将该形状复制三份。

步骤 4:调整各个形状的位置。分别选择各个形状,将它们移动到合适的位置上并适当对齐,效果如图 4-48 所示。

步骤 5:修改复制形状的渐变效果。选择第 2 个形状,"设置形状格式"窗格中的"预设渐变"选择"底部聚光灯-个性色 2"样式选项。用同样的方法,分别选择第 3 和第 4 个形状,分别将"预设渐变"设置为"底部聚光灯-个性色 3"和"底部聚光灯-个性色 4",效果如图 4-49 所示。

图 4-48　调整各个形状的位置　　　　图 4-49　修改复制形状的渐变效果

7. 应用图表

在数据呈现上,应用图表比直接使用表格呈现冰冷的数据有更好的视觉效果,图表的操作有创建图表、图表数据输入、图表布局调整及图表外观调整等。

步骤1：启动创建图表。在幻灯片浏览窗格选择第8张幻灯片，切换至"插入"选项卡，单击"插图"功能组中的"图表"按钮。

步骤2：指定图表类型。此时弹出"插入图表"对话框，选择"柱形图"中的"簇状柱形图"选项，如图4-50所示。最后单击"确定"按钮即可。

此时在幻灯片中插入指定类型的图表，并在PowerPoint中以嵌入的方式运行Excel打开内置的数据表，如图4-51所示。

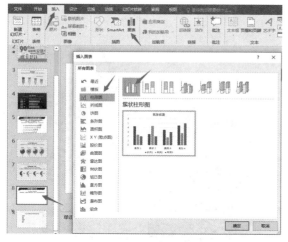

图4-50　指定图表类型

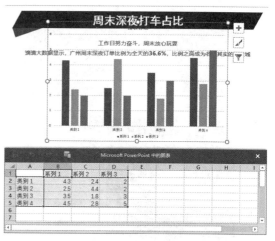

图4-51　插入图表效果

步骤3：使用工作表数据。打开素材中的工作簿"001.xlsx"，在当前工作表中选择A1:B5数据区域，复制所选数据。返回到PowerPoint编辑窗口，右击PowerPoint内嵌的Excel工作表A1单元格，在弹出的快捷菜单中单击"粘贴"命令，将刚才复制的数据粘贴到用来创建图表的工作表中，然后将多余的C列和D列数据删除，效果如图4-52所示。完成后关闭在PowerPoint内嵌的Excel窗口。

步骤4：调整图表位置及大小。在PowerPoint编辑窗口中选择图表，通过其边框的8个调节柄调节其大小及位置，最终图表效果如图4-53所示。

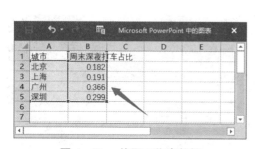

图4-52　使用工作表数据

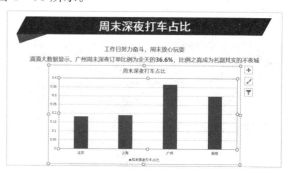

图4-53　最终图表效果

8. 图表动画设定

步骤1：设置图表动画。保持图表的选择状态，切换至"动画"选项卡，在"动画"功能组下拉列表中选择"进入"栏中的"擦除"动画，为图表添加"擦除"进入动画，如图4-54所示。

步骤2：设置动画效果。在"动画"功能组中单击"效果选项"按钮，从下拉列表中选择"按类别"选项,设置动画效果为按类别自底部擦除,如图4-55所示。

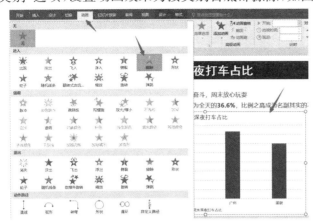

图4-54 设置图表动画

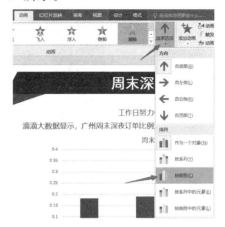

图4-55 设置动画效果

步骤3:设置动画启动方式。在"计时"功能组中,"开始"选择"上一个动画之后"。

9. 设置页脚

通过页眉和页脚命令,可以为演示文稿所有幻灯片或特定的幻灯片添加统一的日期和时间、页码和页脚。

切换至"插入"选项卡,单击"文本"功能组中的"页眉和页脚"按钮,在弹出的"页眉和页脚"对话框中,勾选"页脚"复选框,并在页脚文本框中输入内容"年轻人生活压力大数据报告",完成后单击"全部应用"按钮,如图4-56所示。

图4-56 设置页脚

10. 导出 PDF 文件

PDF 文件是一种广泛应用的文档格式,特别适合在网络上传播。

步骤1:存盘并导出。单击快速访问工具栏上的"保存"按钮,对正在编辑的文档进行存盘操作。然后单击"文件"菜单,在菜单列表中选择"导出"命令,在"导出"面板中选择"创建PDF/XPS文档"选项,最后单击"创建PDF/XPS"按钮,如图4-57所示。

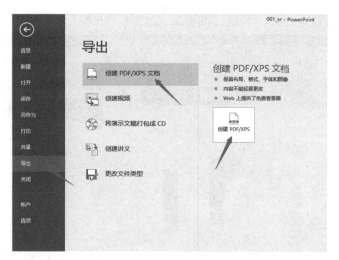

图 4-57　导出 PDF 文件

步骤 2:设置发布 PDF 文档参数。此时弹出"发布为 PDF 或 XPS"对话框,在"文件名"框中输入文件名"001","保存类型"选择"PDF",设置"优化"为"最小文件大小(联机发布)",完成后单击"发布"按钮即可,如图 4-58 所示。

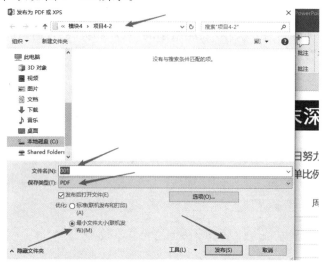

图 4-58　设置发布 PDF 文档参数

至此,完成了本项目的所有操作。

实 训 拓 展

打开素材包中"拓展 4-2-1"的演示文稿"001_sr.pptx",利用图片素材"005.jpg",参照视频"001_final.wmv"的演示效果进行设计,并将演示文稿另存为"001.ppsx",保存类型为"PowerPoint 放映(*.ppsx)"。

相关操作提示:

设计主题为"穿越"。第 2 张幻灯片设置对象的动画为"下浮浮入"。第 5 张幻灯片中插入的图表不显示图例。第 1 张幻灯片切换效果设置为"缩放",其他幻灯片设置为"传送带"。另存为"PowerPoint 放映(*.ppsx)"。

模块5　计算机网络及信息检索

†实训项目1　小型局域网的组建†

实训目的

覆盖一个区域,向同一个组织结构内的用户提供服务和应用程序的网络称为局域网。局域网可以由多个本地网络组成,局域网中的设备可能在物理位置上接近,但并不要求如此。局域网可以是安装在家庭或小型办公室中的单个本地网络,没有大小限制,也可以是小到两台计算机组成的简易网络,还可以是大到连接数百万台设备的超级网络。本项目将以小型办公室局域网组建为例,示范局域网组建和应用的相关技巧。

实训任务

(1) 使用有线局域网网络模式实现办公室的 24 台计算机互联。
(2) 能连入 Internet 上网。

实训过程

1. 绘制网络拓扑图

确定了有线局域网模式后,要对办公室网络布局进行总体设计,以计算机和网络设备作为节点,通信线路作为连线,通过网络拓扑图显示电缆的安装位置以及用于连接主机的网络设备位置。拓扑图不是严格的物理位置图。

本项目要充分结合办公环境,例如一间办公室内要能保证 10 人办公,即一间办公室内拥有 8 台计算机,那么 24 台计算机大约分布在 3 间办公室内,现决定以中间的一间办公室为组网的中心。先将每个办公室计算机网络用交换机连接好,然后所有交换机连接到中间办公室的路由器汇总,最终连接到 Internet。图 5-1 所示为 24 个节点办公的网络拓扑结构。

初学者设计标准网络拓扑图有一定难度,因为它是对网络总体布局的合理展现,图标和连线有些专业化,但是可以用笔在纸张上先进行初步绘制,再利用 Word 软件制作图标示意,这样对于组网整体布局和实施很有参考价值。

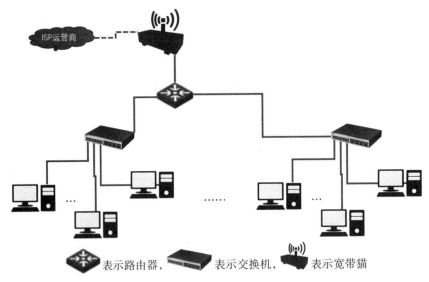

图 5-1　24 个节点办公的网络拓扑结构

2. 网络设备选择

绘制网络拓扑图后,接下来将按网络拓扑图进行设备选型,本项目选用小米路由器 Redmi AX3000(以下简称小米路由器)作为组网路由器,如图 5-2 所示。

图 5-2　小米路由器

路由器是内部局域网连接外网 Internet 的核心设备。它提供 3 个以太网端口和 1 个广域网端口,其中广域网端口是用于连接外网的,而其余 3 个以太网端口用来连接 3 个不同办公室的交换机。

交换机负责将每个办公室的计算机连接起来,将数据汇总后转发给路由器。通常小型家用或者办公用交换机有 8 个接口或者 16 个接口,每个接口分别与计算机相连,然后与其他设备(如路由器)相连。这里选择的是 TP-LINK TL-SG1008D 8 口千兆交换机,如图 5-3 所示。

图 5-3　TP-LINK TL-SG1008D 8 口千兆交换机

注意：一般国内主流品牌的路由器（如华为、TP-LINK、水星等），报价在 100~500 元，取决于网络中所能连接计算机的数量。

3. 网络设备连接和布线

选取网络设备后，需要通过网线将设备与计算机物理连接起来。这里需要注意的是网线的长度，因为要将路由器摆放在中间的办公室内，所以其他每个办公室计算机要先连接到交换机，再连接到路由器汇总。

普通网线的有效距离在 120 米左右，自己做网线的话，需要购买网线和水晶头，还需要有网线钳等工具，因此通常都是按照米数购买打好水晶头的网线。购买网线的长度，可以根据各办公室实际距离来定，通常购买长一些以作备份。

根据绘制的网络拓扑图进行网络布线，以中间一间办公室为中心，然后用网线将其他房间的交换机连接起来。同时，建议组网时专门使用一台计算机连接到路由器上一个快速以太网端口上，并将这台计算机作为管理服务器。该小型办公局域网硬件设备选择、布线已经完成，而要真正完全地组建一个网络，还需要在终端计算机和网络设备的软件配置上下功夫。

4. 网卡和网络协议的安装

（1）安装网卡。

计算机要连接到网络需要使用网卡，目前的计算机在出厂时已经预装了网卡及驱动程序（如果遇到网卡损坏的计算机，可以自行购买）。如果要在台式计算机上安装新的网卡及驱动程序，必须拆下机箱盖，把网卡安装牢固之后，将机箱盖装回原位。如果是无线网卡有天线连接到网卡背面或与一根电缆相连，将其固定在信号接收效果最好的位置，天线必须进行连接和定位。这里选择 DIEWU PCI-e 千兆网卡，如图 5-4 所示。

图 5-4　DIEWU PCI-e 千兆网卡

（2）安装网卡驱动程序。

方法 1：直接用主板驱动光盘安装。把主板驱动光盘放入光驱，然后双击安装，选择网卡，按提示操作直到完成，最后重启计算机即可。

方法 2：右击"此电脑"图标，在弹出的快捷菜单中选择"管理"，打开"计算机管理"窗口，在左侧窗格中单击"设备管理器"，如图 5-5 所示。然后单击展开"网络适配器"，右击对应的网卡，从弹出的快捷菜单中选择"属性"，弹出网卡属性对话框，选择"驱动程序"选项卡，单击"更新驱动程序"按钮，如图 5-6 所示。接着在弹出的对话框中选择"自动搜索驱动程序"，如图 5-7 所示。根据提示完成驱动程序的安装。

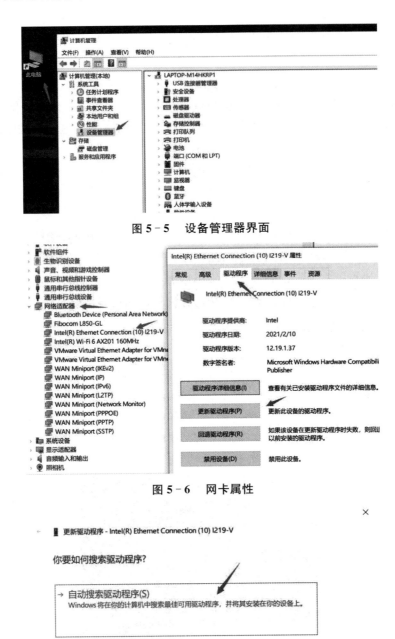

图 5-5　设备管理器界面

图 5-6　网卡属性

图 5-7　自动搜索驱动程序

注意：驱动程序安装完毕后会提示重新启动计算机。如果网卡驱动程序安装后无法按照预期运行，可以卸载该驱动程序或回退到上一个驱动程序。在"设备管理器"中双击"网络适配器"中对应的网卡,在网卡属性对话框中,选择"驱动程序"选项卡并单击"回退驱动程序"按钮。如果在该更新前未安装驱动程序,此选项不可用。在此情况下如果操作系统找不到适合网卡的驱动程序,必须为设备查找驱动程序并手动安装。

5. 配置 IP 地址

完成以上操作后,24 台计算机还需要配置 IP 地址才能在局域网内彼此连通,共享文件和打印机等资源。

本项目在 Windows 10 操作系统中实施,具体操作步骤如下:

步骤 1:单击"开始"菜单,选择"设置"→"网络和 Internet"→"以太网",在"以太网"面板中单击"网络和共享中心"→"更改适配器设置",双击对应网卡的以太网,如图 5-8 所示。

图 5-8　更改适配器设置

步骤 2:此时弹出"以太网 状态"对话框,单击"属性"按钮,双击"Internet 协议版本 4 (TCP/IPv4)",然后在弹出的对话框中设置"自动获得 IP 地址"和"自动获得 DNS 服务器地址",如图 5-9 所示。自动获取后,计算机的 IP 地址为动态分配。

图 5-9　设置自动分配 IP 和 DNS

如果想指定 IP 地址,则需要设置静态 IP 地址,如图 5-10 所示。

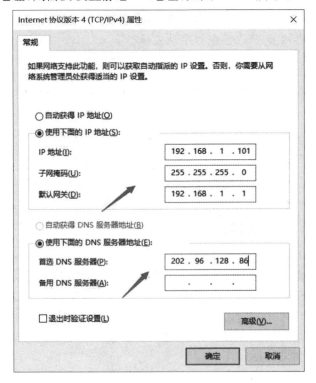

图 5-10 设置静态 IP 和 DNS

在"IP 地址"处输入正确的 IP 地址,例如,一台计算机已安排 IP 地址为 192.168.1.1,那么要和它通信的其他同一局域网的计算机的 IP 地址应该在 192.168.1.2 到 192.168.1.255 中选取,而子网掩码统一为默认的 255.255.255.0。如果要连接外网,则设置"默认网关"地址一般为路由器的 IP 地址,即 192.168.1.1。DNS 则是通过 ISP 运营商(如电信、联通公司)获得 DNS 服务器地址的,上外网时需要填写,也可以直接填路由器的 IP 地址(192.168.1.1)。

此外,在一个局域网中有两个 IP 地址比较特殊,一个是网络地址,另一个是广播地址。网络地址是用于三层寻址的地址,它代表整个网络本身,是网段中的第 1 个地址;广播地址代表网络全部的主机,是网段中的最后一个地址。这两个地址是不能配置在计算机主机上的,例如在 192.168.1.0/255.255.255.128 这样的网段中,网络地址是 192.168.1.0,广播地址是 192.168.1.127,而可以填写在计算机上的主机地址恰好介于网络地址和广播地址之间。

6. 连通测试

设置好 IP 地址后需要通过 Ping 命令来测试计算机之间是否连通。Ping 是一个普遍用于测试计算机与网络设备间通信是否成功的应用程序。按下[▤+R]组合键,输入命令"CMD",打开命令提示符窗口,输入"CD\",按[Enter]键,进入 C 盘根目录,如图 5-11 所示。

在命令提示符窗口中键入"ping/?"并按[Enter]键,可查看 Ping 命令帮助提示。Ping 的工作方式是向目的计算机或其他网络设备发送 ICMP 回应请求,然后接收设备发回 ICMP 应答消息以确认连通。以下示意 Ping 命令进行测试的使用。

模块5 计算机网络及信息检索

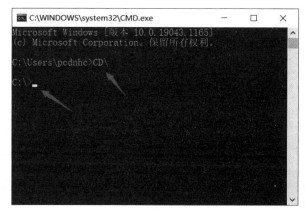

图 5-11 命令提示符窗口

（1）测试本机。

可以通过"Ping＋回环地址（127.0.0.1）"来测试本机网卡是否正常，如网卡安装好则会出现"TTL＝64"的 4 个回复信息，如图 5-12 所示。

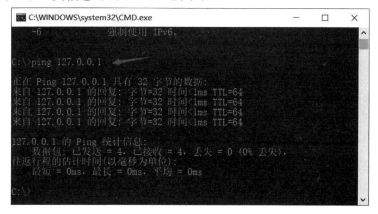

图 5-12 测试本机

（2）测试局域网内其他主机或路由器。

如果本机测试完好，可以通过"Ping＋目的设备 IP 地址"来测试本机与其他主机（如 192.168.1.101）或者与路由器（如 192.168.1.1）是否连通，如图 5-13 和图 5-14 所示。

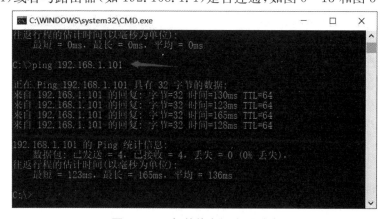

图 5-13 与其他主机连通测试

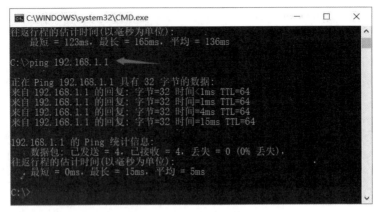

图 5-14　与路由器连通测试

至此,本项目 24 台计算机组成的小型办公网络已经连通,并且可以正常使用 Internet。

† 实训项目 2　信息检索与网络资源的获取 †

实 训 目 的

(1) 掌握保存网站图片的方法与技巧。
(2) 掌握下载 FTP 文件的方法与技巧。
(3) 掌握信息检索及保存的方法。

实 训 任 务

(1) 保存网站图片。登录"木兰花"网站(登录网站前须安装计算机等级考试官方练习系统,运行练习系统,可在系统中模拟一个 WEB 和 FTP 环境),网址是 127.0.0.1:7002/111014/index.htm,进入"常识"栏目的页面将标题为"花朵形态"的文章内容里对应的图片保存到 C:\kaoshi\windows 下,文件名为"magnolia.jpg"。

(2) 下载 FTP 文件。用文件传输协议登录到网站 127.0.0.1:7001,把网站上的文件"mydownload.txt"下载到 C:\kaoshi\windows\ftpdown 下,登录时使用的用户名为"john",密码为"home",请勿保存密码。

(3) 信息检索。登录"木兰花"网站,网址是 127.0.0.1:7002/111015/index.htm(练习系统中同一个网站会随机生成不同的端口等信息,用于完成不同的练习),利用该网站的搜索引擎,搜索名称为"水阔鱼沉何处问"的网页,将该网页文章里的词作者名保存到一新文件中(文档内容不含空格),该文件路径为 C:\kaoshi\windows\poem.txt,保存类型为文本文档。

实 训 过 程

1. 保存网站图片

步骤 1:进入"常识"栏目。打开 IE 浏览器,输入网址"http://127.0.0.1:7002/111014/index.htm",在跳转的页面中选择"常识"栏目,如图 5-15 所示。进入"常识"栏目后,选择"花朵形态"链接，如图 5-16 所示。

图 5-15　进入主页

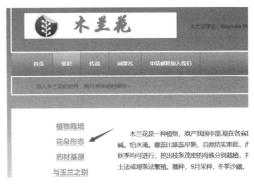
图 5-16　选择相关栏目

步骤 2：启动保存图片。右击图片，在弹出的快捷菜单中选择"图片另存为"，如图 5-17 所示。

图 5-17　启动保存图片

步骤 3：保存图片。此时弹出"另存为"对话框，选择文件路径 C:\kaoshi\windows，在"文件名"输入框中输入"magnolia.jpg"，然后单击"保存"按钮，如图 5-18 所示。

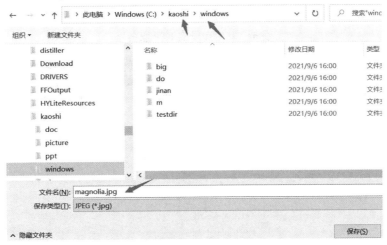
图 5-18　保存图片

在文件资源管理器中打开对应的文件路径，可以看到保存后的文件，如图 5-19 所示。

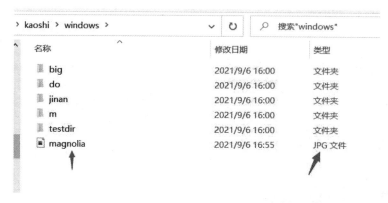

图 5‑19　保存结果

2. 下载 FTP 文件

步骤 1：登录到 FTP 服务器。打开 IE 浏览器，在地址栏中输入 FTP 文件传输网址"FTP://127.0.0.1:7001"，然后按[Enter]键，在弹出的对话框中输入用户名"john"和密码"home"，如图 5‑20 所示。单击"登录"按钮，等待服务器的响应，进入 FTP 主页，如图 5‑21 所示。

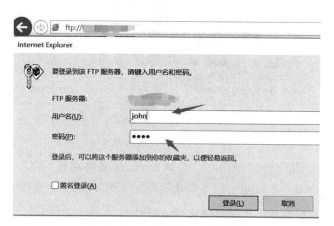

图 5‑20　登录到 FTP 服务器

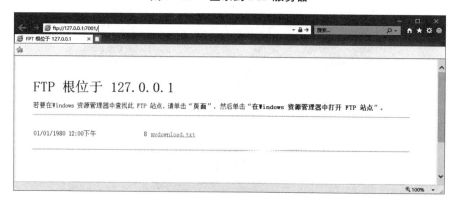

图 5‑21　FTP 主页

步骤 2：保存文件。右击文件"mydownload.txt"，在弹出的快捷菜单中选择"另存为"，弹出"另存为"对话框,选择文件路径 C:\kaoshi\windows\ftpdown,在"文件名"输入框中输入"mydownload.txt",然后单击"保存"按钮,如图 5-22 所示。

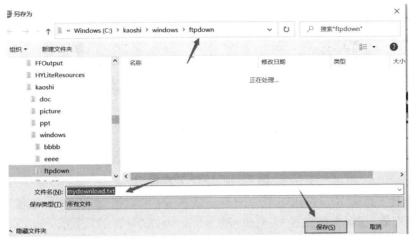

图 5-22 保存文件

打开文件资源管理器,找到对应的文件路径,可以查看保存结果,如图 5-23 所示。

图 5-23 保存结果

3. 信息检索及保存

步骤 1:搜索关键词。打开 IE 浏览器,输入网址"http://127.0.0.1:7002/111015/index.htm",打开网站,如图 5-24 所示。在搜索栏中输入"水阔鱼沉何处问",单击"查找"按钮,如图 5-25 所示。

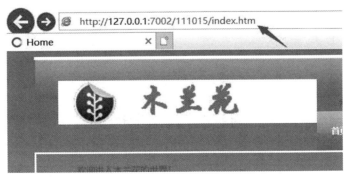

图 5-24 进入首页

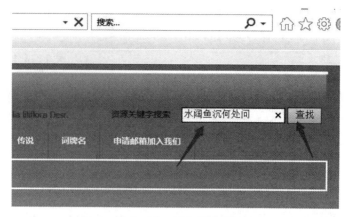

图 5-25　输入搜索词

步骤 2：选择文件路径。查找结果如图 5-26 所示，可以得知，该词作者名为欧阳修。打开文件资源管理器，选择文件路径 C:\kaoshi\windows，如图 5-27 所示。

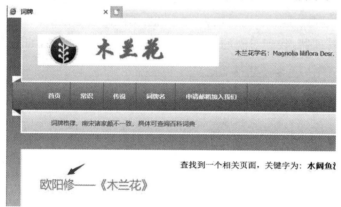

图 5-26　查找结果

图 5-27　选择文件路径

步骤 3：保存文件。右击文件窗口的空白处，在弹出的快捷菜单中选择"新建"→"文本文档"，命名为"poem"。双击该文本文档，打开记事本窗口，输入"欧阳修"，如图 5-28 所示。关闭文件窗口时，在弹出的对话框中单击"保存"按钮，完成保存，如图 5-29 所示。

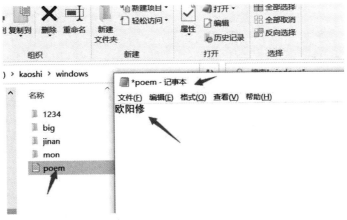

图 5-28 输入词作者名

图 5-29 保存文件

模块 6　体验新一代信息技术

† 体验项目 1　物联网 RFID †

现如今，RFID(射频识别)技术在国内外有着广泛的使用，如应用于物流、零售、公共服务、身份识别、交通管理等领域。下面以上海世博会为例，来体验一下 RFID 技术在电子票务系统中的应用。

1. RFID 电子门票背景

我国二代身份证项目作为世界上最大的 RFID 项目，采用国内自主嵌入式微晶片，有力地推动了国内 RFID 行业的发展。北京奥运会在食品安全保障体系、奥运场馆、比赛场地、制造商、物流中心和医院的个人安全监控中，广泛采用了 RFID 技术，为奥运会的成功举办保驾护航。

RFID 技术于门票系统上的应用，在上海经历了一个从小规模示范向大规模推广的渐进过程。值得一提的是，RFID 技术在"大师杯"网球赛和特奥会上的试点应用，为上海世博会票务系统的建设积累了经验。

2. 世博会 RFID 电子票务系统的优点

上海世博会的参观者有 7 000 万人次，从门票的预售到展会结束历时两年，这对世博会门票系统的处理能力、入园检票的速度、门票的安全性和可靠性以及门票的成本等方面都提出了非常高的要求。在大型活动中使用传统门票，需要大量工作人员进行人工识别，存在效率低下、差错率高的问题。

基于 RFID 技术建立世博会票务系统，采用 RFID 技术制作门票的主要优点如下：

(1) 可以实现快速的机器自动识别，满足大客流的快速检票处理要求；
(2) 采用先进的芯片技术，每张标签都有唯一的 ID，难以仿冒；
(3) 数据信息的读写具有较高的安全保护等级；
(4) 可以实现门票生命周期的全过程数字管理。

3. 系统关键技术

在世博会门票中植入 RFID 标签，运用 RFID 技术，使整套系统发挥最大的效率，需要用到的关键技术如下。

(1) 防冲撞技术。在非接触式电子标签的使用过程中，经常会出现一个读写器必须同时处理多个标签的情况，即有多个标签在读写器的感应范围之内，它们将几乎同时响应读写器的指令而发送信号,这样就会产生信道争用的问题,多个标签发送数据之间将产生干扰。读写器不能正确接收数据,也就无法正确识别标签。此时必须采取快速的防冲撞措施来保证通信的可靠性和正确性。在人流量大时,世博会门票尤其要有效解决这个问题,保证参观者轻松入场。

(2) 安全加密技术。数据的安全包括数据存储的安全以及数据传输过程中的安全等。世博会系统应保证信息存储的安全性。同时,信息要使用特定的密码算法技术,确保数据在传输过程中的安全性,外界无法对数据进行篡改或窃取,从而实现 RFID 门票的防伪造和防变造。

(3) 多角度信息处理能力。世博会门票采用 RFID 技术后可以为参观者提供多种类型的服务,如多种特性的票种。RFID 读取器采集到参观者的信息后,将其汇聚到世博会系统后台,进行数据处理和分析。系统的构架如图 6-1 所示。

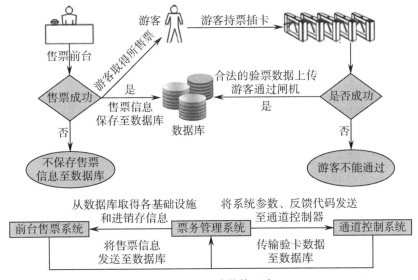

图 6-1 系统整体示意

上海世博会的门票内含一颗自主知识产权"世博芯",其采用特定的密码算法技术,确保数据在传输过程中的安全。RFID 电子门票无须接触、无须对准即可验票,持票人只需手持门票在离读写设备 10 厘米的距离内刷一下,便可轻松入场。此外,"世博芯"还可记录不同信息并用于不同类别的门票,以便为参观者提供多种类型的服务,如"夜票""多次出入票"等。通过 RFID 芯片采集的参观者信息将汇聚到票务系统的中枢,进行数据处理、分析,便于园区的管理,犹如一个人的神经系统。管理方就可据此了解园区内的人员密度,并进行科学的分流引导。图 6-2 所示为世博会门票验票闸机。图 6-3 所示为世博会门票。

图 6-2 验票闸机

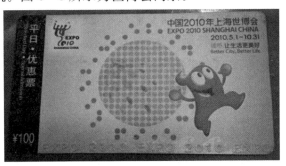

图 6-3 世博会门票

4. 应用创新与展望

上海世博会 RFID 电子票务系统包括拥有自主知识产权的 RFID 门票芯片和芯片线路、可靠稳定的制票管理和仓储物流配送系统、自动售检票设备和管理系统、自助服务终端以及响应及时的票务运行保障体系等。该系统作为世博会票务管理工作的核心支撑体系，实现了门票制作、门票销售管理、账务处理及票检方面的信息化管理职能，同时该系统还将支持世博会管理和运营的能力，为决策指挥和应急保障提供数据来源和分析。世博会票务系统是基于 RFID 技术在我国二代身份证和北京奥运会上运用后又一个大规模的应用。

该 RFID 电子票务系统的主要创新点如下：

（1）国际上首次在大规模的活动中使用带安全认证的 RFID 门票。
（2）完全自主知识产权的 RFID 芯片。
（3）采用先进的 EEPROM 芯片设计和制造工艺。
（4）采用先进的芯片倒装工艺。
（5）机读与视读相结合的门票自动检票技术，方便快速通行和识别。
（6）门票数据安全控制和防伪数字签名设计。
（7）松耦合的体系架构，保障系统运行的安全、可靠、稳定。

上海世博会基于 RFID 技术的世博会门票应用系统，不仅能满足世博会对门票系统安全、可靠、快速识别的需求，同时也是一个针对大型活动的、通用的数字化门票的整体解决方案，可以在大型展览、演出、体育竞赛等活动中推广。通过世博会票务系统项目，可形成 RFID 门票系统的核心技术与关键产品，并建立典型应用的系统架构。上海世博会会期半年，其庞大的票务系统是有史以来最大规模的 RFID 技术门票应用案例，积累了丰富的管理手段和经验，为 RFID 技术在其他领域的推广奠定了基础，大大推动了我国 RFID 技术和产业的发展。

†体验项目 2　智能交通云†

交通信息服务是智能交通系统建设的重点内容，目前我国省会级城市交通信息服务系统的基础建设已初步完成，但普遍面临着整合利用交通信息来服务于交通管理和出行者的问题。如何对海量的交通信息进行处理、分析挖掘和利用，将是未来交通信息服务的关键问题，而云计算技术以其自动化资源调度、快速部署及优异的扩展性等优势，将成为解决这一问题的重要技术手段。

1. 交通数据的特点

（1）数据量大。交通服务要提供全面的路况，需组成多维、立体的交通综合监测网络，实现对城市道路交通状况、交通流信息、交通违法行为等的全面监测，特别是在交通高峰期需要采集、处理及分析大量的实时监测数据。

（2）应用负载波动大。随着城市机动车数量的不断增加，城市道路交通状况日趋复杂，交通流呈现随时间变化大、区域关联性强的特点，需要根据实时的交通流数据及时、全面地采集、处理和分析。

（3）信息实时处理要求高。市民对公众出行服务的主要需求之一就是对交通信息发布的时效性要求高,需将准确的信息及时提供给不同需求的主体。

（4）有数据共享需求。交通行业信息资源的全面整合与共享是智能交通系统高效运行的基本前提,智能交通相关子系统的信息处理、决策分析和信息服务是建立在全面、准确、及时的信息资源基础之上的。

（5）有高可用性、高稳定性要求。交通数据需面向政府、社会和公众提供交通服务,为出行者提供安全、畅通、高品质的行程服务,对智能交通手段进行充分利用,以保障交通运输的高安全、高时效和高准确性,势必要求智能交通应用系统具有高可用性和高稳定性。

如果交通数据系统采用烟筒式系统建设方式,将产生建设成本较高、建设周期较长、智能交通管理效率较低、管理人员工作量繁重等问题。随着智能交通系统应用的发展,服务器规模日益庞大,将带来高能耗、数据中心空间紧张、服务器利用率低或者利用率不均衡等状况,造成资源浪费,还会造成智能交通基础架构对业务需求反应不够灵敏,不能有效地调配系统资源适应业务需求等问题。

云计算通过虚拟化等技术,整合服务器、存储、网络等硬件资源,优化系统资源配置比例,实现应用的灵活性,同时提升资源利用率,降低总能耗和运维成本。因此,在智能交通系统中引入云计算有助于系统的实施。

2. 交通数据中心云计算化

交通云专网中的智能交通数据中心的主要任务是为智能交通各个业务系统提供数据接收、存储、处理、交换、分析等服务,不同的业务系统随着交通数据流的压力而使应用负载波动大,智能交通数据交换平台中的各子系统也会有相应的波动,为了提高智能交通数据中心硬件资源的利用率,并保障系统的高可用性及稳定性,可在智能交通数据中心采用私有基础设施云平台。交通私有云平台主要提供以下功能：

（1）基础架构虚拟化,提供服务器、存储设备虚拟化服务。

（2）虚拟架构查看及监控,查看虚拟资源使用状况及远程控制(如远程启动、关闭等)。

（3）统计和计量。

（4）服务品质协议服务(如可靠性、负载均衡、弹性扩容、数据备份等)。

3. 智能交通的公共信息服务平台与地理信息系统云计算化

在智能交通业务系统中,有一部分互动信息系统、公众发布系统及交通地理信息系统运行在互联网上,以公众出行信息需求为中心,整合各类位置及交通信息资源和服务,形成统一的交通信息来源,为公众提供多种形式、便捷、实时的出行信息服务。该系统还为企业提供相关的服务接口,补充公众之间及公众与企业、交通相关部门、政府的互动方式,以更好地服务于大众用户。

公众出行信息系统主要是提供常规信息、基础信息、出行信息等动态查询服务及智能出行分析服务。该服务不但要直接为大众用户所使用,也为运营企业提供服务。

基于交通的地理信息系统(GIS-T)也可以作为主要服务通过公共云平台,向广大市民提供交通常用信息、地理基础信息、出行地理信息导航等智能导航服务。该服务直接为大众市民所用,也同时为交通运营企业针对GIS-T的二次开发提供丰富的接口调用服务。

所有在互联网上的应用都属于公共云平台,智能交通把信息查询服务及智能分析服务作为一个平台服务提供给其他用户使用,不但可以标准化服务访问接口,也可以随负载压力动态调整智能交通资源,提高资源的利用率并提高保障系统的高可用性及稳定性。智能交通公共云平台如图6-4所示,主要提供以下功能:

(1) 提供基于平台的PaaS服务。
(2) 资源服务部署、申请、分配、动态调整、释放资源。
(3) 服务品质协议服务(如可靠性、负载均衡、弹性扩容、数据备份等)。
(4) 其他软件应用服务(如地理信息服务、信息发布服务、互动信息服务、出行诱导服务等)。

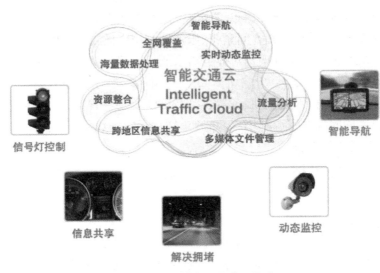

图6-4 智能交通公共云平台

†体验项目3 人工智能客服系统†

企业运营业务过程中客户服务是较为重要的工作,客户的去留在很大程度上直接取决于客户服务的质量以及体验。最早期的客服工作存在过程混乱、错漏频出等问题,不足以满足越来越复杂的客户服务的需求。客服系统的出现使企业客服工作规格化、流程化,帮助客服人员流畅高效地完成客服任务,使企业能够更好地管理客服工作。但在客服工作过程中,有许多简单的、重复性的劳动,为企业增加了不少人力成本,而人工智能客服系统正好解决了高成本的重复劳动。

1. 人工智能与智能客服系统

人工智能是一种计算机技术,主要目的是通过计算机技术来模拟、延伸和扩展人的智能。涉及人工智能的技术有很多种,如自然语言识别、图像识别、自主学习等。目前在人工智能客服系统上最主要的应用是自然语言识别技术和自主学习技术,用于解决一些碎片化的、简单的、重复的客户需求,如不同客户经常重复咨询一些简单的问题,并且碎片化的提问往往降低了客服人员的工作效率。这类工作就可以交由智能机器人来解决。

2. 智能机器人的能力

（1）自然语言识别能力。机器人拥有自然语言识别能力，可以帮助机器人更好地理解人类语言。例如，人类对于同一个问题会有多种不同的提问方式，机器人需要理解问题中的关键点，从而找到对应的问题。这是考察机器人性能时较为重要的指标。

（2）知识库和自主学习能力。知识库相当于机器人的大脑，企业需要在使用初期为机器人建设一套知识库，这就相当于给新员工一个产品介绍或业务资料。在对接客户时，机器人会从已有的知识库中搜索问题的答案。在不断接收问题和解决问题的过程中，智能客服系统机器人会完善知识库，将处理的问题积累下来，就形成了自我学习能力。通过这种方式可以方便以后更好地解决客户问题。

（3）其他能力。电商客服也许可以在与来客交谈时，帮助客户查询快递情况，这类需求由机器人就能完成，并且速度和准确度都可以保证，无须额外的人力来处理这类问题。

3. 体验腾讯人工智能客服

腾讯人工智能客服网址"https://kf.qq.com/"，如图6-5所示。

图6-5　腾讯人工智能客服

✝ 体验项目4　企业大数据 ✝

通过对企业大数据的学习，了解企业大数据核心概念，熟悉企业大数据应用发展，通过企业大数据案例，分析大数据的实际作用，能够根据企业大数据当前发展了解企业未来大数据发展方向。

1. 什么是企业大数据

近年来，由于企业大数据的广泛应用，企业的业务种类也越来越丰富，如精准营销、新业务新产品推广、广告推送、代言人选择、社交媒体、可视化展示、消费者行为分析、库存管理、溢价收益、信贷保险等。大数据开始更加广泛地应用到各个领域中，如图6-6所示。

图6-6 大数据应用领域概念图

企业大数据的核心价值在于对数据进行收集、存储和分析之后汇总得出结果。通过对得出的结果进行分析,为企业提高运营效率、增长业务价值,并为开拓新的业务方向提供参考,为企业发展提供战略支持,提升企业的整体竞争力。与其他现有的技术相比,大数据技术具有廉价、快速、优化等特点,因此成为综合成本最低的方案。

对于企业发展,使用大数据解决方案的价值主要体现在三方面。第一,能够实时和快速地处理海量数据。第二,企业可以利用大数据解决方案,对分布于互联网的海量数据进行采集、处理和分析,并根据分析产生新的数据,从而获取所需数据资料,最终将这些数据资料与已知的业务融合,促进企业产品和服务的营销。第三,利用企业积累的和存在于互联网上的大数据,推出各种新产品和新服务。

2. 企业大数据应用

大数据时代,企业面对海量数据和新的数据源,能否根据这些数据的分析进行决策,是企业所面临的一大挑战。大数据给企业发展能够带来诸多好处,但企业同样面临如何获取与分析数据的问题,只有解决这些问题才能让企业获得更好的发展。解决这些问题有以下五种方式。

(1) 在文化层面做出调整,建立数据驱动决策中心。

在传统的企业发展中(特别是在某些领域已经取得过成功的企业),往往形成固定的企业文化、管理流程和管理制度,想要建立数据驱动决策中心就必须打破原有的管理流程与管理制度,将决策的过程数据化、客观化和扁平化。企业如果仅凭借历史经验进行市场竞争,有很大弊端。尤其是进入互联网时代后,互联网时代要以客户为中心,以生态产业链为运行模式,这必然会使企业有颠覆性改变。世界著名零售商沃尔玛就是企业根据市场需求做出改变的良好示例。

沃尔玛具有强大的数据仓库系统,通过分析顾客的消费习惯,可以精准地预判顾客的购物行为。由于企业本身具有强大的数据仓库系统来存储顾客购物的详细数据,因此沃尔玛可以对这些原始交易数据进行挖掘和分析,发现顾客在消费时经常同时购买的商品。最终的数据汇总结果令人大跌眼镜,"啤酒"与"尿布"竟然是同时购买最多的组合,这是沃尔玛通过对顾客购物历史数据进行分析的结果。企业决策人员根据这一结果进行实际分析调查发现,在美国,年轻一些的父亲下班后被妻子要求为孩子购买尿布,在购买尿布的同时很可能给自己购买喜欢的商品,如啤酒。沃尔玛根据这一数据做出调整,将啤酒与尿布摆放在较近的位置,甚至推出共同的促销活动,结果啤酒与尿布的销量都迅速增加了。这是大数据营销的一个经典案例,企业通过大数据分析客户的购买行为并做出调整。

(2) 建立数据管理中心的组织架构。

如果没有完整专业的数据管理团队,很难发挥大数据的分析能力。数据只是信息的集合,如果不能将这些大量的数据转化为对企业有价值的决策依据,那么数据就如同堆在垃圾站的垃圾。要想把数据和信息转化成对企业有用的信息,就必须建立专业的数据管理团队。

(3) 建立顶层的数据架构设计并加以实施。

在系统规划时,需要有顶层的信息化战略规划,其中最重要的一个环节就是数据架构设计和实施路线。数据架构设计是确保企业所有数据环节具有统一的数据标准,具有唯一的数据字典及核心的数据管理系统,从而保障企业数据的完整性、一致性和有效性。

(4) 建立完善的数据管理体系。

如果没有完善的数据管理体系,即使有优良的顶层数据架构设计和严格的系统实施方案,数据的质量也会跟不上企业的发展速度,难以完成驱动决策的使命。

(5) 建立合适的数据分析技术平台和团队。

数据分析技术平台与团队兼容传统的内部数据分析和目前不断出现的海量外部数据分析,能够高效地建立技术平台,并降低成本,保证满足未来拓展的需求。卡夫食品有限公司通过数据分析团队的数据分析取得了良好的效果。

卡夫食品有限公司通过大数据分析锁定了其主流消费群体为 18~30 岁的年轻人,这些人喜欢并习惯使用当前较流行的网络社交软件,如微博、微信、QQ 等社交 App(手机软件),于是他们在愚人节当天进行了全天集中式广告投放,围绕品牌的口号展开话题,使品牌在最佳时机得到了最大化的曝光。图 6-7 为卡夫食品有限公司的产品之一——趣多多的广告。

图 6-7 趣多多的广告

经过近几年的科技发展,商业审视自身与市场的方式已经有了本质上的变化。在过去的 20 年里,发生过两场世界级的经济波动:一是 2000 年的互联网泡沫破裂,二是 2008 年的全球经济衰退事件。在这两大经济危机作用下,企业都尽量减少开支,努力提升自己的效率,以保障正常盈利。当全球经济开始复苏后,各个企业又纷纷充满斗志,希望通过推出新的产品与服务,并且增强业务,从而找到新的顾客。企业通过经济的变化发现,全球经济会因很多因素而改变,而企业需要根据全球经济的变化而做出调整。如果企业能够在全球经济变化前做出反应,那么对企业未来的发展就有极大的帮助。根据这一原因,企业以大数据技术扩充其商业智能,通过分析全网络信息资源,感知市场发展,完成自我定位。

3. 企业大数据应用案例

通过对数据库中合理的、标准的、企业范围内的数据进行分析,并将其与半结构化(XML数据)和非结构化(Word、PDF、文本、媒体日志、视频和声音等)的数据源结合,以传统商业智能为基础完成大数据商业智能构建。大数据商业智能既有预测性分析能力,又有规范性分析能力,能够加快企业的效益增长。传统的商业智能分析数据仅注重单个业务流程,而大数据商业智能分析能够注重多重业务进程,更能通过多个角度审查企业运行的异常情况。

(1) 销售分析。通过商业智能系统 FineBI 平台,可以进行销售、回款、应收款、可售库存、推盘、动态成本、杜邦分析、资金计划等各类细分主题的分析,以地图、环比图、漏斗图等特征图表配以钻取联动显示,较好地从数据中观测销售过程出现的问题。

(2) 财务分析。通过建立绩效指标库和行业或标杆指标库作为财务分析的数据源,在绩效考核模型、投资评估模型、财务风险模型、经营分析模型的基础上分别建立资产主题、盈利主题、资金主题、收入主题、成本费用主题、存货主题等。通过这些分析主题对企业进行进度监控和经营预警,从而达到对企业战略的控制。

附 录

(附录中所使用的素材可查看素材包)

附录1　全国计算机等级考试一级计算机基础及 MS Office 应用考试试题 1

一、选择题(25 小题,共 25 分)

1.【单选题】Excel 工作簿中"Sheet1"工作表的 A1 单元格中的公式"＝SUM(Sheet3!B1:B10)"表示_____。

(A) 计算本工作簿"Sheet3"工作表中的(B1:B10)区域数值的和,并填写到"Sheet3"的 A1 单元格中

(B) 计算本工作簿"Sheet1"工作表中的(B1:B10)区域数值的平均值,并填写到"Sheet1"的 A1 单元格中

(C) 计算本工作簿"Sheet3"工作表中的(B1:B10)区域数值的和,并填写到"Sheet1"的 A1 单元格中

(D) 计算本工作簿"Sheet3"工作表中的(B1:B10)区域数值的平均值,并填写到"Sheet1"的 A1 单元格中

2.【单选题】安全卫士软件(如 360、金山等)是当前计算机中常用的计算机病毒防护与系统维护软件,以下观点正确的是_____。

(A) 多安装几种安全卫士不影响计算机的运行速度

(B) 没必要安装安全卫士

(C) 安装一种安全卫士即可

(D) 多安装几种安全卫士计算机系统就越安全

3.【单选题】通常情况下,按下键盘上的 Windows 图标键,将弹出_____。

(A) 快捷菜单

(B) 开始菜单

(C) 命令菜单

(D) 控制菜单

4.【单选题】工作簿是 Excel 计算和储存数据的文件,在 Excel 2016 中,一个工作簿文件默认的文件类型是_____。

(A) Shift1

(B) xlsx

(C) docx

(D) xls

5.【单选题】以下四个选项中,表示用 hello 账号在新浪网申请的邮箱是_____。

(A) www.sina.com.cn/hello
(B) hello@sina.com.cn
(C) hello
(D) hello.sina.com.cn

6.【单选题】在浏览网页的过程中,为了方便再次访问某个感兴趣的网页,比较好的方法是_____。
(A) 为此页面建立浏览
(B) 将该网页地址用笔抄写到笔记本上
(C) 为此页面建立地址簿
(D) 将该网页加入收藏夹中

7.【单选题】世界上第一台微型电子计算机产生于1971年,其主要逻辑元件由大规模与超大规模集成电路组成,属于第_____代计算机范畴。
(A) 一
(B) 二
(C) 三
(D) 四

8.【单选题】在 Word 中,可以通过_____选项卡中的"翻译"将文档内容翻译成其他语言。
(A) "布局"
(B) "开始"
(C) "审阅"
(D) "引用"

9.【单选题】微软于2008年10月推出的云计算操作系统是_____。
(A) 蓝云
(B) Azure
(C) IOS
(D) Windows 8

10.【单选题】安装 Windows 操作系统的计算机中,若没有安装光驱,已有硬盘盘符 C:,D:,现插入一 U 盘,则其盘符为_____。
(A) E:
(B) B:
(C) A:
(D) D:

11.【单选题】Word 文档中,如果一个表格长至跨页,并且每页都需要有表头,最佳选择是_____。
(A) 每页复制一个表头
(B) 选择"表格工具|布局"→"标题行重复"命令
(C) 选择"表格工具|设计"→"标题行"命令
(D) 系统能自动生成

12.【单选题】人工智能的目的是让机器能够_____,以实现某些脑力劳动的机械化。

(A) 和人脑一样考虑问题

(B) 具有完全的智能

(C) 模拟、延伸和扩展人的智能

(D) 完全代替人

13.【单选题】PowerPoint 设置文本时,下列关于字号设置叙述正确的是_____。

(A) 66 磅字比 72 磅字大

(B) 字号的数字表示方法中,数字越小,字体就越大

(C) 字号的中文表示方法中,"二号"比"一号"大

(D) 字号决定每种字体的尺寸

14.【单选题】PowerPoint 中,若一个演示文稿中有 3 张幻灯片,播放时要跳过第 2 张幻灯片,可_____。

(A) 只能删除第 2 张幻灯片

(B) 取消第 2 张幻灯片的切换效果

(C) 隐藏第 2 张幻灯片

(D) 取消第 1 张幻灯片中的动画效果

15.【单选题】能完成不同的 VLAN 之间数据传递的设备是_____。

(A) 路由器

(B) 中继器

(C) 网桥

(D) 交换器

16.【单选题】通过 PowerPoint 制作演示文稿,选择"新建"→"空白演示文稿"命令后,进入演示文稿编辑界面,系统默认的第 1 张幻灯片通常使用_____版式。

(A) 标题幻灯片

(B) 标题和内容

(C) 图片与标题

(D) 两栏内容

17.【单选题】小刘欲购买一台笔记本电脑,希望笔记本电脑运行速度快,能安装 64 位操作系统,并能进行文字编辑、上网、音频视频图像编辑等常规操作,小刘应选择下面_____配置的笔记本电脑较为合理。

(A) i7 双核 CPU、内存 16 GB、1 TB 机械硬盘

(B) i7 双核 CPU、内存 2 GB、1 TB 机械硬盘

(C) i7 双核 CPU、内存 2 GB、256 GB 固态硬盘

(D) i7 双核 CPU、内存 16 GB、256 GB 固态硬盘

18.【单选题】当系统硬件发生故障或更换硬件设备时,为避免系统意外崩溃应采用的启动方式为_____。

(A) 命令提示模式

(B) 安全模式

(C) 通常模式

(D) 登录模式

19.【单选题】下列_____部分不是专家系统的组成部分。
(A) 综合数据库
(B) 用户
(C) 推理机
(D) 知识库

20.【单选题】32 位与 64 位版本的 Windows 操作系统,在内存空间的支持方面_____。
(A) 没有区别,最多都只能支持 4 GB 内存空间
(B) 64 位的 Windows 操作系统支持大于 4 GB 内存空间
(C) 32 位的 Windows 操作系统支持大于 4 GB 内存空间
(D) 支持内存空间大小与 Windows 操作系统的 32 位与 64 位版本无关

21.【单选题】计算机操作过程中,如果鼠标突然失灵,则可用_____组合键来结束一个正在运行的应用程序(任务)。
(A) [Ctrl+F4]
(B) [Shift+F4]
(C) [Alt+F4]
(D) Windows 图标键或[Shift+Esc]

22.【单选题】在 Windows 的文件资源管理器中,按[Ctrl+A]组合键的作用是_____。
(A) 选择当前文件夹中的所有文件及文件夹
(B) 复制当前文件及文件夹
(C) 删除当前文件及文件夹
(D) 选择当前文件及文件夹

23.【单选题】计算机硬件系统是由控制器、运算器、存储器、输入设备和输出设备五大部件组成的,其中 I/O 设备是指_____。
(A) 控制器、存储器
(B) 输入设备、输出设备
(C) 运算器、存储器
(D) 控制器、运算器

24.【单选题】_____是由按规则螺旋结构排列的 8 根绝缘铜导线组成的传输介质。
(A) 同轴电缆
(B) 双绞线
(C) 无线信道
(D) 光缆

25.【单选题】TCP/IP 协议是 Internet 中计算机之间通信所必须共同遵循的一种_____。
(A) 软件
(B) 硬件
(C) 通信规定
(D) 信息资源

二、Windows（4小题，共10分）

1. 将位于"一级考试试题1\kaoshi\windows\your\your2"文件夹中的文件"y1.txt"移动到"C:\kaoshi\windows\your\your1"目录下。

2. 用Windows的"记事本"程序创建文件"boat"，存放在"一级考试试题1\kaoshi\windows\mine"文件夹中，文件类型为TXT，文件内容为"渔舟唱晚忘却喧嚣"（内容不含空格或空行）。

3. 将位于"一级考试试题1\kaoshi\windows\testdir"文件夹中的文件"advadu.htr"复制到"一级考试试题1\kaoshi\windows\its95pc"文件夹中。

4. 将"一级考试试题1\kaoshi\windows"文件夹中的压缩文件"aaaa.rar"里被压缩的文件夹"cccc"解压到"一级考试试题1\kaoshi\windows\bbbb"文件夹中，把压缩文件里被压缩的文件"gggg.doc"解压到"一级考试试题1\kaoshi\windows\eeee\ffff"文件夹中。

三、Word 2016（6小题，共24分）

1. 使用Word 2016打开文档"一级考试试题1\kaoshi\doc\24000754.docx"，完成以下操作（注意文本中每一回车符作为一段落，没有要求操作的项目请不要更改，以下项目均是）：

（1）设置文档纸张大小为自定义大小（纸张高21厘米、宽14.8厘米），上、下页边距均为3厘米，页眉和页脚设置为首页不同。

（2）在文档第一段输入文本"白发渔樵江渚上"。

（3）在文档第二段"惯看秋月春风"的文字"风"后插入脚注，编号格式为"甲,乙,丙,…"，脚注内容为"三国演义罗贯中著"。

（4）保存文件。

2. 使用Word 2016打开文档"一级考试试题1\kaoshi\doc\24000755.docx"，完成以下操作：

（1）利用替换功能，将文档中的所有"白鲟"文字替换为"中华剑鱼"。

（2）为文档添加文字水印，水印文字为"水中大熊猫"，字体颜色为红色，取消半透明，版式为斜式。

（3）选定文档第一段并插入批注，批注内容为"2020年被宣布灭绝"。

（4）保存文件。

3. 使用Word 2016打开文档"一级考试试题1\kaoshi\doc\24000756.docx"，完成以下操作：

（1）对文档第二段至第六段进行格式化设置：居中对齐，1.5倍行距，段前、段后间距均为1行。

（2）为文档第一段应用"标题"样式。

（3）在文档第七段前插入分页符。

（4）保存文件。

4. 使用Word 2016打开文档"一级考试试题1\kaoshi\doc\24000763.docx"，完成以下操作：

（1）为文档第二段至第六段设置项目符号，自定义项目符号字体为Wingdings，字符代码为70，字体颜色为绿色。

（2）设置文档的页眉格式为"空白"，文档标题占位符内容设置为"机动车违章查询"。

(3)在文档中插入基本形状"云形",高1.5厘米、宽3厘米,水平对齐方式为右对齐,相对于栏,垂直绝对位置为1厘米,下侧段落。

(4)保存文件。

5.使用Word 2016打开文档"一级考试试题1\kaoshi\doc\24000764.docx",完成以下操作:

(1)为文档第一段中的文字"气温"添加超链接,链接到网页,地址为"http://www.eather.com.cn/"。

(2)将文档第二段至第八段中的文本转换为表格,并将表格中所有单元格的列宽设置为3厘米。

(3)在文档下方任意空白位置绘制一横排文本框,文本框内文字内容为"好雨知时节",文本框形状样式为预设类别下的"透明绿色,强调颜色6"。

(4)保存文件。

6.使用Word 2016打开文档"一级考试试题1\kaoshi\doc\24000765.docx",完成以下操作:

(1)对文档第一段的修订进行操作:拒绝删除修订。

(2)在第二段空白处给文档中应用"Style-A"样式的段落创建1级目录,目录中显示页码且页码右对齐,制表符前导符为短横线"——"。

(3)保存文件。

四、Excel 2016(4小题,共16分)

1.使用Excel 2016打开工作簿"一级考试试题1\kaoshi\xls\25000736.xlsx",完成以下操作:

(1)利用填充柄,在"工料表"工作表的A3:A27单元格区域,填入工号GL001至GL025。

(2)将"工料表"工作表中A2:E2单元格区域的文字内容设置为加粗、居中对齐。

(3)将"计划表"工作表复制到"类型表"工作表的后面,改名为"最新计划表"。

(4)保存文件。

2.使用Excel 2016打开工作簿"一级考试试题1\kaoshi\xls\25000737.xlsx",完成以下操作:

(1)将"Sheet1"工作表的B3:D12单元格区域设置条件格式:单元格值大于或等于600时设置字体加粗、标准色红色;单元格值小于600时设置字体倾斜、标准色绿色。

(2)将"Sheet2"工作表的A2:D18单元格区域按职称升序排序,然后分类汇总显示不同职称的平均基本工资。

(3)保存文件。

3.使用Excel 2016打开工作簿"一级考试试题1\kaoshi\xls\25000742.xlsx",完成以下操作:

(1)在"Sheet1"工作表的B9:F9单元格区域中,用函数分别计算泥工、小工、木工、施工员和机动的平均值(提示:不用函数不得分)。

(2)在"Sheet2"工作表的B9:F9单元格区域中,用函数分别计算泥工、小工、木工、施工员和机动的最大值(提示:不用函数不得分)。

(3)在"Sheet3"工作表的H3:H8单元格区域中,用函数计算各个项目的等级,总人数大于 178 显示"大项目",否则显示"一般项目"(提示:不用函数不得分)。

(4) 保存文件。

4. 使用 Excel 2016 打开工作簿"一级考试试题 1\kaoshi\xls\25000743.xlsx",完成以下操作:

(1) 在"Sheet1"工作表中,以 A2:E6 单元格区域为数据源,创建折线图,图表标题为"广电公司来访人数统计表",横轴显示部门,图表格式为"样式 11"。

(2) 在"Sheet2"工作表中,以 H3 单元格为开始位置,以 A2:E21 单元格区域为数据源新建数据透视表,反映不同部门的各方来客平均访问时间,以访问部门为行字段,客户来源为列字段。

(3) 保存文件。

五、PowerPoint 2016(5 小题,共 20 分)

1. 使用 PowerPoint 2016 打开演示文稿"一级考试试题 1\kaoshi\ppt\26000640.pptx",完成以下操作:

(1) 将第 1 张幻灯片的版式设置为"标题幻灯片"。

(2) 删除第 2 张幻灯片中的文本框。

(3) 利用第 3 张幻灯片复制生成第 4 张幻灯片。

(4) 保存文件。

(5) 将演示文稿另存为"26000640_a.pptx"。

2. 使用 PowerPoint 2016 打开演示文稿"一级考试试题 1\kaoshi\ppt\26000641.pptx",完成以下操作:

(1) 将第 1 张幻灯片中的文本框的形状效果设置为映像类别下的"全映像:接触"。

(2) 将第 2 张幻灯片中文字"自我分析"的超链接位置修改为链接到"3.幻灯片 3"。

(3) 为所有幻灯片插入幻灯片编号。

(4) 保存文件。

3. 使用 PowerPoint 2016 打开演示文稿"一级考试试题 1\kaoshi\ppt\26000642.pptx",完成以下操作:

(1) 对第 1 张幻灯片的背景格式进行设置,使用渐变填充,预设渐变为"顶部聚光灯-个性色 1",类型为射线。

(2) 将第 2 张幻灯片中包含文字"春季"的文本框转换为 SmartArt 图形,图形布局为"关系"类型中的"射线维恩图",设置 SmartArt 样式颜色为"彩色"类型中的"彩色范围-个性色 2 至 3",SmartArt 样式设置为三维类别下的"优雅",效果如附录图 1 所示。

(3) 将幻灯片的放映类型设置为"在展台浏览(全屏幕)"。

(4) 保存文件。

附录图 1　参考效果

4. 使用 PowerPoint 2016 打开演示文稿"一级考试试题 1\kaoshi\ppt\26000648.pptx",完成以下操作:

(1) 为第 1 张幻灯片单独应用设计主题"平面"。

(2) 为第 3 张幻灯片中的表格第 5 行(含字符"后置相机")单元格设置底纹,填充颜色为橙色。

(3) 为所有幻灯片添加切换效果,切换效果为华丽型"日式折纸",效果选项为"向左"。

(4) 保存文件。

5. 使用 PowerPoint 2016 打开演示文稿"一级考试试题 1\kaoshi\ppt\26000649.pptx",完成以下操作:

(1) 给第 1 张幻灯片添加批注,内容为"变化的科学"。

(2) 为第 3 张幻灯片中的内容文本框(含字符"用陶制容器煮食"等)设置自定义动画,添加进入动画,动画样式为"飞入",效果选项为"自底部"。

(3) 在第 4 张幻灯片右下角插入动作按钮"后退或前一项"。

(4) 保存文件。

六、网络题(1 小题,共 5 分)

用文件传输协议登录到网站 127.0.0.1:7001,把网站上的文件 books.txt 下载到"一级考试试题 1\kaoshi\windows\ftpdown"文件夹中,登录时使用的用户名为"john",密码为"home",请勿保存密码。

附录 2　全国计算机等级考试一级计算机基础及 MS Office 应用考试试题 2

一、选择题（25 小题，共 25 分）

1.【单选题】计算机中，文件的含义通常解释为_____。
　　（A）外存储器中全部数据的总称
　　（B）存储在一起的数据块
　　（C）可以按名字访问的一组相关数据的集合
　　（D）一批逻辑上独立的离散数据的无序集合

2.【单选题】Excel 工作簿中，逗号（,）又称联合运算符，用于将多个引用合并为一个引用。如"＝sum(A1,A3,A5)"，表示_____。
　　（A）计算 A1,A3,A5 单元格值之和
　　（B）计算 A1,A3,A5 单元格值之差
　　（C）计算 A1 到 A5 区域单元格值之和
　　（D）计算 A1 到 A5 区域单元格值之差

3.【单选题】邮件合并中，通过创建主文档、指定数据源、_____等操作，可完成数据源与主文档的合并。
　　（A）编辑表格
　　（B）插入合并域
　　（C）插入数据源
　　（D）打印

4.【单选题】小王 8 年前购买了一台式计算机，其基本配置为 i5 双核 CPU、500 GB 机械硬盘、2 GB 内存，下面_____的操作对计算机的运行速度没有明显提升。
　　（A）将 i5 双核 CPU 更换为 i5 四核 CPU
　　（B）将 2 GB 内存更换为 8 GB
　　（C）将 500 GB 机械硬盘更换为 1 TB 机械硬盘
　　（D）将 500 GB 机械硬盘更换为 256 GB 固态硬盘

5.【单选题】PowerPoint 中不可以插入_____文件。
　　（A）wav
　　（B）bmp
　　（C）avi
　　（D）exe

6.【单选题】Excel 工作簿中"Sheet1""Sheet2"等表示_____。
　　（A）文件名
　　（B）工作簿名

(C) 工作表名

(D) 单个数据

7.【单选题】PowerPoint 中执行_____操作,不能移动幻灯片。

(A) 在幻灯片浏览窗格,单击拖动同时按[Shift]键

(B) 在阅读视图,单击拖动

(C) 在幻灯片浏览窗格,单击拖动

(D) 在幻灯片浏览视图,单击拖动

8.【单选题】Word 文档中,对标尺、缩进等格式设置,除使用厘米为度量单位外,还增加了字符等度量单位,可通过_____对话框来设置度量单位。

(A) "新建样式"

(B) "段落"

(C) "替换"

(D) "Word 选项"

9.【单选题】小张买了一台笔记本电脑,其主要硬件参数为 4 核 CPU、8 GB 内存、128 GB 固态硬盘+1 TB 机械硬盘,小张的笔记本电脑应该安装_____位的 Windows 操作系统,才能发挥这台计算机的硬件优势。

(A) 128

(B) 64

(C) 8

(D) 32

10.【单选题】Word 文档格式转换时,应在"文件"→"另存为"窗口的_____选项中选择文件存盘类型。

(A) 保存类型

(B) 文件名

(C) 文件属性

(D) 保存位置

11.【单选题】小张的计算机桌面有一张 15 MB 的照片,小张选择该照片后,按[Delete]键删除,则该照片文件_____。

(A) 从桌面删除,文件被移到"图片"文件夹

(B) 从桌面删除,文件被移到"回收站"文件夹

(C) 从计算机中删除,计算机找不到该照片

(D) 从桌面删除,文件被移到"文档"文件夹

12.【单选题】Excel 工作表中 A 列第 2 行开始是"学校名称"数据,B 列第 2 行开始是"参赛选手姓名"数据。小李欲将 A 列与 B 列数据合并填写到 C 列,则需要在 C2 单元格中输入的公式是_____。

(A) A2&B2

(B) =A2&B2

(C) "学校名称"&"参赛选手姓名"

(D) ="学校名称"&"参赛选手姓名"

13.【单选题】一个 IP 地址由三个部分组成,按顺序它们分别是_____字段。
① 类别; ② 网络号; ③ 主机号; ④ 域名。
(A) ②③④
(B) ①②④
(C) ①③④
(D) ①②③

14.【单选题】Excel 具有"自定义序列"功能,其操作过程为_____。
(A) 插入—选项—高级—编辑自定义列表
(B) 数据—选项—高级—编辑自定义列表
(C) 文件—选项—高级—编辑自定义列表
(D) 公式—选项—高级—编辑自定义列表

15.【单选题】当一封电子邮件发出后,收件人由于种种原因一直没有开机接收邮件,那么该邮件将_____。
(A) 退回
(B) 重新发送
(C) 保存在服务商的 E-mail 服务器上
(D) 丢失

16.【单选题】Windows 操作系统中,可以实现文件移动的一组组合键是_____。
(A) [Ctrl+C]和[Ctrl+V]
(B) [Ctrl+X]和[Ctrl+V]
(C) [Ctrl+X]和[Ctrl+C]
(D) [Ctrl+O]和[Ctrl+V]

17.【单选题】PowerPoint 中对于正在播放的幻灯片,若要终止幻灯片播放可直接按_____键。
(A) [End]
(B) [Ctrl+F4]
(C) [Esc]
(D) [Ctrl+C]

18.【单选题】微型计算机中,辅助存储器通常包括_____。
(A) 硬盘、光盘、U 盘
(B) 硬盘、U 盘、固态硬盘
(C) 硬盘、内存条、U 盘
(D) 固态硬盘、内存条、U 盘

19.【单选题】具有算术运算和逻辑判断能力,并能通过预先编制的程序自动完成海量数据加工处理的现代化智能电子设备,称为_____。
(A) 电子游戏机
(B) 电子计算机
(C) 计算器
(D) 电视机

20.【单选题】人们日常生活中多用十进制计数,而现代计算机中采用二进制数字系统,是因为_____。
 (A) 容易阅读,不易出错
 (B) 只有0和1两个数字符号,容易书写
 (C) 物理上容易表示和实现,运算规则简单,可节省设备且便于设计
 (D) 代码表示简短,易读

21.【单选题】要想让机器具有智能,必须让机器具有知识。因此,在人工智能中有一个研究领域,主要研究计算机如何自动获取知识与技能、实现自我完善,这门研究分支学科叫作_____。
 (A) 神经网络
 (B) 机器学习
 (C) 专家系统
 (D) 模式区别

22.【单选题】PowerPoint中若想插入Flash动画,需要先通过"自定义功能区"添加_____。
 (A) 开发工具
 (B) 文本框
 (C) 加载项
 (D) Flash控件

23.【单选题】微型计算机的发展过程,依据其CPU的_____划分为五个阶段(代):4位机、8位机、16位机、32位机、64位机。
 (A) 频率
 (B) 主频
 (C) 体积大小
 (D) 字长

24.【单选题】理论上,32位版本的Windows 7内存寻址空间小于_____GB。
 (A) 1
 (B) 2.5
 (C) 2
 (D) 4

25.【单选题】微型计算机的硬件组成中,SSD硬盘通常是指_____。
 (A) 机械硬盘
 (B) 固态硬盘
 (C) U盘
 (D) 内存条

二、Windows(4小题,共10分)

1. 在"一级考试试题2\kaoshi\windows"文件夹中搜索(查找)文件夹"DID3"并改名为"DMB"。

2. 将位于"一级考试试题2\kaoshi\windows\big"文件夹中的BMP文件复制到"一级考

试试题 2\kaoshi\windows\big\map"文件夹中。

3. 在"一级考试试题 2\kaoshi\windows"文件夹中搜索(查找)文件"MYGUANG.TXT",并把该文件的属性改为"隐藏",把存档属性取消。

4. 将位于"一级考试试题 2\kaoshi\windows\jinan"文件夹中的文件移动到"一级考试试题 2\kaoshi\windows\testdir"文件夹中。

三、**Word 2016**(6 小题,共 24 分)

1. 使用 Word 2016 打开文档"一级考试试题 2\kaoshi\doc\24000766.docx",完成以下操作:

(1) 设置文档纸张大小为自定义大小(纸张高 20 厘米、宽 18 厘米,),上、下页边距均为 2.5 厘米,页面垂直对齐方式为居中。

(2) 将文档第四段文本内容删除,保留段落符。

(3) 保存文件。

(4) 将文档另存为"24000766_a.docx"。

2. 使用 Word 2016 打开文档"一级考试试题 2\kaoshi\doc\24000767.docx",完成以下操作:

(1) 将文档第一段格式化:字体为黑体、三号、加粗、蓝色,字符缩放 120%,字符间距加宽 1 磅。

(2) 修改"正文"样式,字体为宋体、小四号,1.5 倍行距。

(3) 在文档第四段的字符"圣人之道……"前插入自动换行符。

(4) 保存文件。

3. 使用 Word 2016 打开文档"一级考试试题 2\kaoshi\doc\24000768.docx",完成以下操作:

(1) 启用修订功能,对文档第一段进行修订操作,输入文本内容"加快复工复产",操作完成后,关闭修订功能。

(2) 为文档第二段的文字应用"zt"样式。

(3) 设置文档最后一段首字下沉,字体为隶书,下沉行数为 2 行,距离正文 0.2 厘米。

(4) 保存文件。

4. 使用 Word 2016 打开文档"一级考试试题 2\kaoshi\doc\24000775.docx",完成以下操作:

(1) 为文档中最后七段文字设置项目符号,自定义项目符号字体为 Wingdings,字符代码为 216,来自符号(十进制),字体颜色为浅蓝色。

(2) 为文档设置页面背景,使用渐变填充效果,预设颜色为"薄雾浓云",斜下底纹样式。

(3) 选定文档第一段文字中的"网站",添加一个名为"商务"的书签(不含标点符号)。

(4) 保存文件。

5. 使用 Word 2016 打开文档"一级考试试题 2\kaoshi\doc\24000776.docx",完成以下操作:

(1) 设置文档的页眉格式为"运动型(偶数页)",文档标题占位符内容设置为"游览河源万绿湖"。

(2) 在文档下方任意空白处绘制一横排文本框,文本框内文本内容为"万绿湖",文本框形状样式为"透明橙色,强调颜色 2"。

(3) 在形状"龙凤岛"前面添加形状,输入文本内容"水月湾",将文本居中对齐。

(4) 保存文件。

6. 使用 Word 2016 打开文档"一级考试试题 2\kaoshi\doc\24000777.docx",完成以下操作:

(1) 为文档添加文字水印,水印文字为"国以税为本",字体为黑体、红色,版式为斜式。

(2) 在第二段空白处给文档中应用"Style-B"样式的段落创建 1 级目录,目录中显示页码且页码右对齐,制表符前导符为"(无)"。

(3) 保存文件。

四、Excel 2016(4 小题,共 16 分)

1. 使用 Excel 2016 打开工作簿"一级考试试题 2\kaoshi\xls\25000746.xlsx",完成以下操作:

(1) 在"Sheet1"工作表中,用 COUNT 函数计算当天有销量的产品种类,结果显示在 G1 单元格(提示:不用函数不得分)。

(2) 在"Sheet2"工作表中,用 YEAR 函数计算"2020/2/1"的年份,结果显示在 A1 单元格(提示:不用函数不得分)。

(3) 在"Sheet3"工作表中,在 E2:E6 单元格区域显示评价结果,如果库存量超过 1 000,显示"加快去库存",否则显示"正常"(提示:不用函数不得分)。

(4) 保存文件。

2. 使用 Excel 2016 打开工作簿"一级考试试题 2\kaoshi\xls\25000747.xlsx",完成以下操作:

(1) 在"Sheet1"工作表中,新建单元格样式:名称为"预算显示样式",数字类别为"货币",1 位小数,水平居中对齐,字体加粗。将新建样式应用到 D2:D9 单元格区域。

(2) 在"Sheet2"工作表中,修改图表类型为"三维簇状柱形图"中第一种类型(单色),设置图表标题为"公司员工旅游预算统计",设置数据标签格式:标签包括"值",不显示引导线,数字类别为"货币"。

(3) 在"Sheet3"工作表中,为 A1:D9 单元格区域设置套用表格样式,选择"金色,表样式中等深浅 5"。

(4) 保存文件。

3. 使用 Excel 2016 打开工作簿"一级考试试题 2\kaoshi\xls\25000748.xlsx",完成以下操作:

(1) 在"Sheet1"工作表中,设置纸张大小为信纸、纵向,上、下、左、右页边距均为 2 厘米,设置"Sheet1"工作表的页眉样式为系统预置样式中的"第 1 页"。

(2) 在"Sheet1"工作表中,在 B 列和 C 列之间插入列,然后在 C1 单元格内输入文本内容"类型",再将 C 列隐藏。

(3) 在"Sheet2"工作表中,删除 A1 单元格的批注。

(4) 保存文件。

4. 使用 Excel 2016 打开工作簿"一级考试试题 2\kaoshi\xls\25000749.xlsx",完成以下操作:

(1)在"Sheet1"工作表中,对D2:D9单元格区域设置数据验证,只能输入介于0和60之间的整数,设置输入信息:标题为"输入提示",输入信息为"请输入0至60之间的整数。";设置出错警告:样式为"停止"、标题为"出错提示"、错误信息为"您输入值超出指定范围,请重新输入。"。

(2)在"Sheet2"工作表中,以A1:D19单元格区域的数据为数据源,通过高级筛选,筛选出工作成果为"财政学"且定价大于70的员工信息,条件存放在以F2单元格为起点的区域内,筛选结果存放在以A21单元格为起点的区域内。

(3)保存文件。

五、PowerPoint 2016(5小题,共20分)

1. 使用PowerPoint 2016打开演示文稿"一级考试试题2\kaoshi\ppt\26000652.pptx",完成以下操作:

(1)为第1张幻灯片添加备注内容"同一个世界,同一个梦想"。

(2)为第3张幻灯片插入簇状柱形图,图表样式为"样式14",图表标题修改为"夏季奥运会"。

(3)将第4张幻灯片中包含文字"滑板"的文本框转换为SmartArt图形,图形布局为"图片"类型中的"六边形群集",设置SmartArt样式颜色为"彩色"类型中的"彩色范围-个性色4至5",SmartArt样式设置为"三维"类型中的"卡通",效果如附录图2所示。

(4)保存文件。

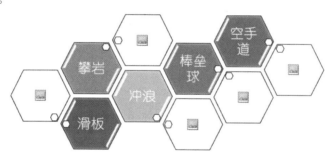

附录图2 参考效果

2. 使用PowerPoint 2016打开演示文稿"一级考试试题2\kaoshi\ppt\26000653.pptx",完成以下操作:

(1)在第1张幻灯片中,对批注"古代称弈"答复,内容为"英文称GO"。

(2)在第2张幻灯片中,清除内容文本框("围棋起源于中国……")中的所有格式。

(3)为第3张幻灯片中内容文本框的二级文本设置箭头项目符号,颜色为蓝色。

(4)为第4张幻灯片单独应用设计主题"平面"。

(5)保存文件。

3. 使用PowerPoint 2016打开演示文稿"一级考试试题2\kaoshi\ppt\26000654.pptx",完成以下操作:

(1)在第1张幻灯片中增加艺术字,内容为"海私语",艺术字样式为"填充:灰色,背景色2;内部阴影",艺术字在幻灯片内的排列为右对齐、顶端对齐。

(2)为所有幻灯片添加切换效果,切换效果为"华丽型:涟漪"。

(3)新建名为"自定义放映1"的自定义放映,顺序添加第4张、第3张、第2张和第1张幻灯片。

(4) 保存文件。

4. 使用 PowerPoint 2016 打开演示文稿"一级考试试题 2\kaoshi\ppt\26000655.pptx"，完成以下操作：

(1) 设置幻灯片大小为全屏显示(4∶3)，确保适合。
(2) 将第 1 张幻灯片移到第 3 张幻灯片之后。
(3) 为所有幻灯片插入幻灯片编号。
(4) 在第 6 张幻灯片右下角插入动作按钮"后退或前一项"，单击时链接到第 1 张幻灯片。
(5) 保存文件。

5. 使用 PowerPoint 2016 打开演示文稿"一级考试试题 2\kaoshi\ppt\26000656.pptx"，完成以下操作：

(1) 为第 1 张幻灯片中标题文本框内的文字"正确选择和佩戴口罩"插入超链接，网址为 http://www.dxy.cn/。
(2) 对第 3 张幻灯片的背景格式进行设置，使用图案填充，图案为"点线:90%"。
(3) 将幻灯片的放映类型设置为"观众自行浏览(窗口)"，放映时不加旁白。
(4) 保存文件。

六、网络题（1 小题，共 5 分）

登录"JOJO 服饰"网站，网址是 127.0.0.1:7002/1022/index.htm，在导航链接部分打开"优质专区"栏目，将该网页中的左侧热销服装的图片保存到"一级考试试题 2\kaoshi\windows"文件夹中，文件名为"selling.jpg"。

附录3 全国计算机等级考试二级 MS Office 高级应用与设计考试试题 1

一、Word 2016 高级应用操作

文件的默认存取路径为"高级考试试题 1\kaoshi\sourcecode\1600099"。

根据教师评分数据制作编辑教师评分表,并生成图表对评分进行分析。打开文档 "001_sr.docx",参考效果如附录图 3 所示,按下列要求进行排版并保存:

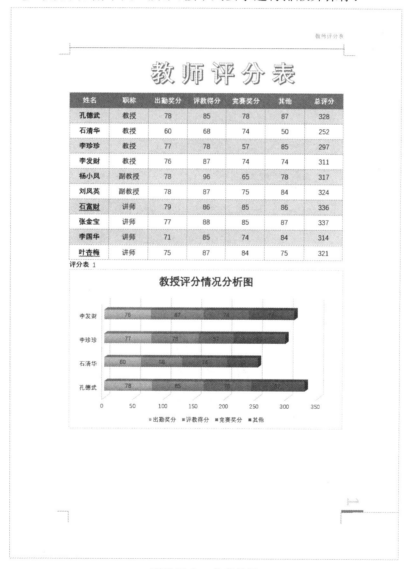

附录图 3 参考效果

(1) 设置文档标题的文本效果为"填充:白色;边框:橙色,主题色 2;清晰阴影:橙色,主题色 2",字符间距加宽 5 磅。

(2) 将标题下方的文本转换成表格,在表格下方插入题注"评分表 1"。

(3) 利用 SUM 函数,计算每位教师的总评分数。

(4) 设置表格行高 0.8 厘米,套用表格样式为"网格表 4-着色 2",单元格内文字水平和垂直均居中对齐。

(5) 在表格下方插入图表,显示职称为"教授"的 4 项评分数据。图表类型为"三维堆积条形图",布局为"布局 3",更改图表颜色为"单色调色板 9",图表样式为"样式 5",添加数据标签值,修改图表标题为"教授评分情况分析图"。

(6) 插入"母版型"页眉,输入标题内容为"教师评分表";页面底端插入"纵向轮廓 2"页码。

(7) 保存文件。

二、Word 2016 高级应用操作

文件的默认存取路径为"高级考试试题 1\kaoshi\sourcecode\1600108"。

要求使用邮件合并方式生成广州音乐艺术学院的新生录取通知书。打开文档"002_sr1.docx",利用图片素材"002.jpg",参照效果如附录图 4 和附录图 5 所示,按下列要求进行排版并保存:

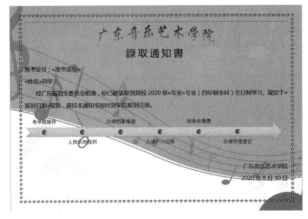

附录图 4　参考效果 1

附录图 5　参考效果 2

(1)设置纸张大小为 A4,上、下、左、右页边距均为 1.5 厘米,纸张方向为横向。

(2)插入艺术字"广东音乐艺术学院",艺术字样式为"渐变填充:蓝色,主题色 5;映像",字体为华文行楷、初号,转换效果为"V 形:倒",文字棱台效果为"凸起",上下型环绕,水平相对于栏居中,垂直位置设置为段落下侧的绝对位置为 0。

(3)将"录取通知书"转换成繁体字,字体为"微软雅黑",字符间距加宽 3 磅。

(4)在落款上方的空段落处插入 SmartArt 图形,版式为"基本日程表",参照效果图输入文字。SmartArt 样式为"嵌入",设置图形大小,高为 4.5 厘米、宽为 26 厘米。

(5)设置图片水印,插入图片"002.jpg",缩放"100%",取消"冲蚀"效果;参照效果图设置艺术型页面边框"五颗五角星"中的第 3 种。

(6)以"002_sr1.docx"为主文档,"002_sr2.docx"为数据源进行邮件合并,第一页预览效果如附录图 5 所示。邮件合并后,保存主文档"002_sr1.docx",合并后的新文档保存在默认存取路径内,文件名为"002_new.docx"。

三、Excel 2016 高级应用操作

文件的默认存取路径为"高级考试试题 1\kaoshi\sourcecode\1600110"。

现有"新冠肺炎疫情防控捐款统计表"工作表,需编辑美化该统计表。打开工作簿"003_sr.xlsx",参照效果如附录图 6 所示,按下列要求进行编辑并保存:

附录图 6 参考效果

(1)互换"姓名"列和"部门"列位置。

(2)在 A1 单元格输入标题文字"新冠肺炎疫情防控捐款统计表",使 A1:D1 单元格区域跨列居中,设置标题字体为微软雅黑、16 磅、加粗,字体颜色设置为 RGB 模式,红 255、绿 255、蓝 204,背景填充颜色为深红色,设置第 1 行行高为 30。

(3)设置 A2:D33 单元格区域字体为微软雅黑、12 磅、水平、垂直均居中对齐,自动调整列宽。

(4)设置 A2:D33 单元格区域套用表格格式"蓝色,表样式中等深浅 6",表包含标题,转换

成区域。

（5）在 D33 单元格使用 SUM 函数计算捐款总金额（提示：可以使用"分列"或"替换"功能将 D 列中的单位"元"去掉，再进行计算）。

（6）删除"Sheet2"和"Sheet3"工作表。

（7）保存文件。

四、Excel 2016 高级应用操作

文件的默认存取路径为"高级考试试题 1\kaoshi\sourcecode\1600111"。

对"X 科技贸易公司销售表"工作表进行数据统计，打开工作簿"004_sr.xlsx"，参照效果如附录图 7 和附录图 8 所示，按下列要求进行编辑并保存：

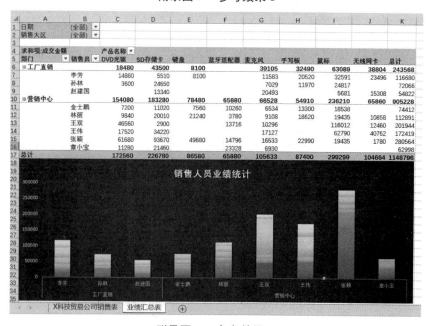

附录图 7　参考效果 1

附录图 8　参考效果 2

(1) 冻结"X科技贸易公司销售表"工作表中的第1行和A列到D列。

(2) 在K2:K166单元格区域计算利润（提示：利润的计算公式为利润＝成交金额－成本×数量，填充时使用不带格式填充）。

(3) 将"X科技贸易公司销售表"工作表中D列的数据复制到M列，删除M列中的重复值。

(4) 为D列数据设置数据验证，验证条件为允许"序列"，M2:M9单元格区域数据为序列的"来源"。

(5) 用高级筛选将华南或华东销售大区工厂直销的数据筛选到A172单元格开始的区域中，条件区域放置在A168单元格开始的区域中。

(6) 以"X科技贸易公司销售表"工作表中A1:K166单元格区域为数据源，在"业绩汇总表"工作表A4单元格开始的区域生成数据透视表，统计每位销售员销售不同产品的总成交金额，"日期""销售大区"为筛选字段，"部门""销售员"为行字段（注意："部门"在前），"产品名称"为列字段，数据透视表样式为浅灰色（"数据透视表样式浅色15"），报表布局以大纲形式显示，透视表名称为"销售人员业绩统计表"。

(7) 根据"销售人员业绩统计表"的数据透视表生成数据透视图。图表类型为"堆积柱形图"，图表样式为"样式8"，更改颜色为"单色调色板4"，图表上方添加图表标题"销售人员业绩统计"，删除网格线，删除图例，隐藏图表上所有字段按钮，调整图表大小到A18:K35单元格区域。

(8) 保存文件。

五、PowerPoint 2016 高级应用操作

文件的默认存取路径为"高级考试试题1\kaoshi\sourcecode\1600112"。

打开演示文稿"005_sr.pptx"，按下列要求进行设计并保存：

(1) 第1张幻灯片设置版式为标题页，标题为"广州长隆欢乐世界"，并插入图片"005.jpg"，将图片动画设置为"劈裂"。

(2) 为演示文稿插入幻灯片编号，标题页中不显示。

(3) 将第2张幻灯片版式设置为"标题和内容"，将第3张幻灯片版式设置为"两栏内容"。

(4) 为第2张幻灯片中的每项内容插入超链接，单击时转到相应幻灯片。

(5) 为第4张幻灯片设置切换效果为"擦除"，为第5张幻灯片设置切换效果为"分割"。

(6) 将第6张幻灯片版式设置为"空白"，并添加艺术字"谢谢观看！"。

(7) 保存文件。

附录 4　全国计算机等级考试二级 MS Office 高级应用与设计考试试题 2

一、Word 2016 高级应用操作

文件的默认存取路径为"高级考试试题 2\kaoshi\sourcecode\1600098"。

"萌宠之家"App 需要制作一张宣传海报。打开文档"001_sr.docx",利用相关素材,参照效果如附录图 9 所示,按下列要求进行排版并保存:

附录图 9　参考效果

(1) 设置纸张大小为 A4,上、下、左、右页边距均为 0 厘米,纸张方向为横向。

(2) 设置页面填充图案为"实心菱形网格",前景色为主题颜色"金色,个性色 4,淡色 80%"。

(3) 插入图片"001_1.jpg",浮于文字上方,图片样式为"旋转,白色";插入图片"001_2.jpg",浮于文字上方,图片样式为"简单框架,白色",参照效果图调整图片的位置。

(4) 插入艺术字"宠物平台萌宠之家",艺术字样式为"填充:金色,主题色 4;软棱台",文本填充颜色为"白色,背景 1",文本发光效果样式为"发光:5 磅;金色,主题色 4"。

(5) 设置艺术字的文字方向为垂直,旋转 353°,浮于文字上方。

(6) 绘制形状"箭头:V 形",高 2.5 厘米、宽 7 厘米,形状样式为"强烈效果-金色,强调颜色 4"。复制形状,修改复制的形状样式分别为"强烈效果-绿色,强调颜色 6"和"强烈效果-橙色,强调颜色 2",设置绿色形状水平翻转,参照效果图调整三个形状的位置。

(7) 参照效果图在形状中添加文本,设置字号为 14 磅,文字加粗,设置"远程""额外"和"记录"的字号为 26 磅。

(8) 保存文件。

二、Word 2016 高级应用操作

文件的默认存取路径为"高级考试试题 2\kaoshi\sourcecode\1600104"。

某公司需要制作一张周工作总结与计划表格。打开文档"002_sr.docx",参照效果如附录图 10 所示,按下列要求进行排版并保存:

附录图 10　参考效果

(1) 设置文档标题字体为黑体、二号、加粗,文本映像效果为"紧密映像:接触",字体颜色为"绿色,个性色 6",水平居中。

(2) 参照效果图将标题下方的文本转换成表格。

(3) 设置红色字体所在行的行高为 2 厘米,其余行的行高为 1 厘米;1~5 列的列宽分别为 2 厘米、4 厘米、3 厘米、2 厘米、4 厘米。

(4) 参照效果图合并表格中的单元格区域,并适当调整红色字体所在单元格的宽度。

(5) 设置表格单元格文本水平和垂直都居中对齐;表格边框颜色为"白色,背景 1,深色 15%",无左右框线;参照效果图选择对应的单元格区域,设置单元格底纹颜色为"绿色,个性色 6",字体颜色为"白色,背景 1"。

(6) 在"总体评价"行的空单元格中插入复选框内容控件,并参照效果图输入选项内容,复选框选中标记符号的字体为 Wingdings,字符代码为 252,复制复选框内容控件到"上级意见"行的空单元格中。

(7) 设置文档信息,标题为"周工作总结与计划",标记为"卓衡科技有限公司",作者为"部门主管"。

(8) 插入"运动型(偶数页)"页眉。

(9) 保存文件。

三、Excel 2016 高级应用操作

文件的默认存取路径为"高级考试试题 2\kaoshi\sourcecode\1600105"。

现有"2019 亚洲 GDP 排名"工作表,需编辑美化该统计表。打开工作簿"003_sr.xlsx",参照效果如附录图 11 所示,按下列要求进行排版并保存:

国家(地区)	2019年人口(万人)	GDP(美元,IMF'2019)	GDP(美元,联合国'2016)	人均国内生产总值	排名
中国	143,378.21	14200亿	11200亿	$9,915	1
日本	12,686.03	51800亿	49400亿	$40,802	2
中国香港	743.62	3817亿	3209亿	$51,320	3
印度	136,541.94	2970亿	22600亿	$2,175	4
韩国	5,122.53	16600亿	14100亿	$32,343	5
印度尼西亚	27,062.96	11000亿	9323亿	$4,068	6
沙特阿拉伯	3,426.85	7623亿	6396亿	$22,240	7
中国台湾	2,377.39	6014亿		$25,290	8
泰国	6,962.56	5167亿	407亿	$7,421	9
伊朗	8,291.39	4847亿	4254亿	$5,845	10
阿拉伯联合酋长国	977.05	4279亿	3487亿	$43,790	11
以色列	851.94	3816亿	3178亿	$44,788	12
马来西亚	3,194.98	3735亿	2965亿	$11,680	13
新加坡	580.43	3728亿	2970亿	$64,229	14
菲律宾	10,811.66	3567亿	3049亿	$3,299	15
孟加拉国	16,304.62	3147亿	2208亿	$1,930	16
巴基斯坦	21,656.53	2780亿	2825亿	$1,284	17
越南	9,646.21	2603亿	2053亿	$2,698	18
伊拉克	3,930.98	2253亿	1600亿	$5,730	19
卡塔尔	283.21	1935亿	1525亿	$68,335	20
科威特	420.71	1369亿	1104亿	$32,550	21
斯里兰卡	2,132.37	842亿	813亿	$3,947	22
阿曼	497.50	795亿	632亿	$15,972	23
缅甸	5,404.54	657亿	657亿	$1,215	24
黎巴嫩	685.57	583亿	505亿	$8,501	25
中国澳门	64.04	581亿	453亿	$90,613	26
土库曼斯坦	594.21	504亿	362亿	$8,473	27
乌兹别克斯坦	3,298.17	492亿	678亿	$1,492	28
约旦	1,010.17	443亿	387亿	$4,381	29
巴林	164.12	390亿	322亿	$23,734	30
也门	2,916.19	291亿	254亿	$997	31
尼泊尔	2,860.87	289亿	209亿	$1,011	32
柬埔寨	1,648.65	270亿	200亿	$1,636	33
老挝	716.95	202亿	158亿	$2,811	34
阿富汗	3,804.18	200亿	202亿	$525	35
蒙古	322.52	137亿	112亿	$4,247	36

附录图 11 参考效果

(1) 在"2019 亚洲 GDP 排名"工作表的第 1 行前插入一行,A1 单元格内输入文字"2019 亚洲 GDP 排名",字体为微软雅黑、20 磅、加粗。设置 A1:F1 单元格区域跨列居中。

(2) 为 A2:F47 单元格区域套用表格格式"白色,表样式浅色 8",包含表标题。将表格转换为普通区域。

(3) 在 C2 和 D2 单元格"GDP"文本后输入换行符,设置 A2:F2 单元格区域文字水平、垂直均居中对齐,自动调整列宽;B3:E47 单元格区域文字水平右对齐;E3:E47 单元格区域数字格式为"货币",0 位小数位数,货币符号为"$"。

(4) 为 C2 单元格添加批注,批注内容为"IMF:国际货币基金组织",调整批注大小位置,并设置显示批注(注意:输入标点为中文标点,批注不含作者等其他信息)。

(5) 按主要关键字"GDP(美元,IMF'2019)"降序排序。

(6) 为 B3:E47 单元格区域设置数据条件格式,条形图外观渐变填充颜色为深红色,条形

图方向为"从右到左"。

（7）调整页面方向为横向。

（8）保存文件。

四、Excel 2016 高级应用操作

文件的默认存取路径为"高级考试试题 2\kaoshi\sourcecode\1600106"。

根据素材完成数据的统计与分析。打开工作簿"统计与分析.xlsx"，参照效果如附录图 12 和附录图 13 所示，按下列要求进行编辑并保存：

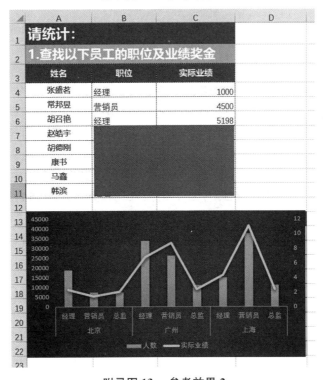

附录图 12　参考效果 1

附录图 13　参考效果 2

(1) 冻结"销售统计"工作表中的第 1,2 行和 A,B,C 列。

(2) 在 F3:F47 单元格区域使用 IF 函数计算业绩奖金,条件为"实际业绩"大于或等于"业绩目标",则奖金为 1 500,否则奖金为 300(注意:使用不带格式填充)。

(3) 在 E3:E47 单元格区域使用条件格式将"实际业绩"前 5 名设置为"浅红填充色深红色文本"。

(4) 用高级筛选将所有"总监"或"实际业绩"大于 5 000 的数据筛选到 H5 单元格开始的区域,条件区域放置在 H1 单元格开始的区域。

(5) 在"汇总"工作表中根据 A4 至 A11 单元格中的姓名,使用 VLOOKUP 函数查找对应的"实际业绩"(提示:使用绝对引用)。

(6) 根据 A13:D22 单元格区域数据生成"自定义组合"图表,系列名称中"人数"为次坐标轴;更改颜色为"单色调色板 4",更改图表样式为"样式 6";删除图表标题,删除网格线,调整图表大小到 A13:D22 单元格区域。

(7) 保存文件。

五、PowerPoint 2016 高级应用操作

文件的默认存取路径为"高级考试试题 2\kaoshi\sourcecode\1600107"。

公司人力资源部需要美化编辑一下企业内部培训使用的幻灯片。打开演示文稿"005_sr.pptx",参照素材中的视频"005_final.mp4"的演示效果,按下列要求进行设计并保存:

(1) 根据文档"005_大纲.docx"中的内容,在演示文稿第 1 张幻灯片后面插入一张从大纲新建的幻灯片,内容根据大纲级别确定。

(2) 设置所有幻灯片的设计主题为"框架",变体为第 2 种变体样式;第 1 张幻灯片的背景样式为"样式 11"。

(3) 在第 1 张幻灯片中插入图片"005.jpg",删除图片背景,设置图片为原图的 35% 大小,右对齐,垂直居中,重新着色为"橙色,个性色 1 浅色"。

(4) 将标题内容为"2 特殊群体关怀需求"的幻灯片中的下方四个矩形更改形状为"折角形",设置形状样式为"彩色轮廓-橙色,强调颜色 1"。

(5) 将标题内容为"员工关怀实施步骤"的幻灯片中的文本占位符转换为 SmartArt 图形"连续循环",更改颜色为"彩色范围-个性色 5 至 6",文档的最佳匹配对象为"强烈效果"。

(6) 为转换的 SmartArt 图形设计动画效果,要求逐个缩放效果进入持续时间为 1 秒,箭头图案延迟 0.5 秒,其他文本框图案延迟 1 秒,所有动画效果在上一动画之后自动开始。

(7) 在增加 SmartArt 图形的幻灯片右下角插入动作按钮"动作按钮:开始",设置单击时链接到第 2 张幻灯片,按钮右对齐、底端对齐。

(8) 设置第 1 张和最后一张幻灯片切换效果为"百叶窗",其余幻灯片切换效果为"覆盖";所有幻灯片的换片方式为单击时或者每隔 5 秒自动换片。

(9) 保存文件。